世界第一簡單的

Python

「超」入門

鎌田 正浩 著 / 夏萱 譯

確かな力が身につく Python「超」入門 第 2 版

零基礎 OK!
ChatGPT
隨時當助教

施威銘研究室 監修

感謝您購買旗標書，
記得到旗標網站
www.flag.com.tw
更多的加值內容等著您…

● FB 官方粉絲專頁：旗標知識講堂

● 旗標「線上購買」專區：您不用出門就可選購旗標書！

● 如您對本書內容有不明瞭或建議改進之處，請連上旗標網站，點選首頁的 聯絡我們 專區。

　若需線上即時詢問問題，可點選旗標官方粉絲專頁留言詢問，小編客服隨時待命，盡速回覆。

　若是寄信聯絡旗標客服 email，我們收到您的訊息後，將由專業客服人員為您解答。

　我們所提供的售後服務範圍僅限於書籍本身或內容表達不清楚的地方，至於軟硬體的問題，請直接連絡廠商。

學生團體　　訂購專線：(02)2396-3257 轉 362
　　　　　　傳真專線：(02)2321-2545

經銷商　　　服務專線：(02)2396-3257 轉 331
　　　　　　將派專人拜訪
　　　　　　傳真專線：(02)2321-2545

作　　者／鎌田 正浩

翻譯著作人／旗標科技股份有限公司

發 行 所／旗標科技股份有限公司

　　　　　台北市杭州南路一段 15-1 號 19 樓

電　　話／(02)2396-3257 (代表號)

傳　　真／(02)2321-2545

劃撥帳號／1332727-9

帳　　戶／旗標科技股份有限公司

監　　督／陳彥發

執行企劃／張根誠

執行編輯／張根誠

美術編輯／陳慧如

封面設計／陳慧如

校　　對／張根誠

新台幣售價：499 元

西元 2024 年 9 月初版 5 刷

行政院新聞局核准登記-局版台業字第 4512 號

ISBN　978-986-312-757-4

Tashikana Chikara ga Minitsuku Python "Chou"
Nyumon Dai 2 Han

Copyright © 2022 Masahiro Kamata

Original Japanese edition published in 2022 by
SB Creative Corp.

Chinese translation rights in complex characters
arranged with SB Creative Corp., Tokyo through
Japan UNI Agency, Inc., Tokyo

國家圖書館出版品預行編目資料

世界第一簡單的 Python 超入門
鎌田 正浩 作；夏萱 譯．施威銘研究室 監修 --

臺北市：旗標科技股份有限公司，2023.07　面；　公分

ISBN 978-986-312-757-4（平裝）

1.CST: Python（電腦程式語言）

312.32P97　　　　　　　　　　　112008867

前言

讀者們是何時對程式語言產生興趣呢？筆者當初只是單純覺得「寫程式好像很酷」，便莫名地對程式產生憧憬。之後，讓筆者再次深深感受到程式的魅力，是憑藉自己雙手完成的資訊系統實際上線被拿來用的時候，那一刻實在非常興奮。直到今日，筆者依然從事程式相關工作，不斷從程式中發掘各種樂趣。

在新版 Python 超入門中，我們更新了過時的例子和主題，並維持「超」入門的本質，內容力求淺顯易懂，本書用來解說的範例，都儘可能與現實生活的情境做結合，使讀者更容易理解各功能的用途。

程式設計早已不僅是 IT 工程師的專利，無論您學習程式的動機是什麼，希望本書能為您的未來生活開闊更多可能性。請放鬆心情學習，讀完本書後，若能感受到「程式還滿有趣的嘛！」，筆者將深感榮幸。

> ◆ 編註 本書 (繁體中文版) 在編輯過程中適逢 ChatGPT 的盛行，因此我們特別在繁體中文版內加上「ChatGPT 隨時當助教」的專屬內容。小編會教您利用 ChatGPT 來輔助 Python 的學習，例如找 bug、寫關鍵內容、上註解、改造程式、增強功能…等。招招都完美融入書中範例，各種用法讓您的 Python 學習更有效率！

下載本書範例程式

讀者可以從底下的網址下載本書的範例程式來使用：

http://www.flag.com.tw/bk/st/F3768

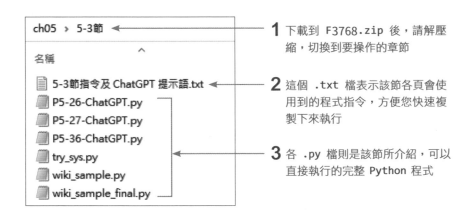

ch05 › 5-3節	**1** 下載到 F3768.zip 後，請解壓縮，切換到要操作的章節
名稱	
5-3節指令及 ChatGPT 提示語.txt	**2** 這個 .txt 檔表示該節各頁會使用到的程式指令，方便您快速複製下來執行
P5-26-ChatGPT.py	
P5-27-ChatGPT.py	
P5-36-ChatGPT.py	**3** 各 .py 檔則是該節所介紹，可以直接執行的完整 Python 程式
try_sys.py	
wiki_sample.py	
wiki_sample_final.py	

封面及內文的 ChatGPT 內容聲明

封面所標示「ChatGPT 隨時當助教」為繁體中文版專屬補充內容，您可以在 1-6 頁、1-22 頁、3-11 頁、3-16 頁、3-29 頁、3-34 頁、3-44 頁、4-16 頁、4-22 頁、5-3 頁、5-14 頁、5-20 頁、5-26 頁、5-35 頁、5-44 頁、6-16 頁、6-28 頁、6-44 頁、B-34 頁...等頁面找到這些補充內容。這些內容由旗標施威銘研究室自行追加，與原日文書作者及出版社無關。為了跟原日文書籍做區隔，這些內容會特別標上 ★小編補充 的圖示。

Contents 目錄

Chapter 2 開始撰寫 Python 程式

Chapter **3**

程式設計的基礎：
流程控制、函式、標準函式庫

Chapter 4 用程式讀檔、關檔及例外狀況處理

4-2 利用 Python 模組處理各類型檔案

ChatGPT 萬能程式顧問

4-3 例外狀況處理 例外 (exception)

ChatGPT 萬能程式顧問

Chapter 5 Python 最強功能：第三方套件

5-1 重溫：內建函式 vs 標準函式庫 vs 第三方套件 3個名詞

ChatGPT 萬能程式顧問

Chapter 6 使用 tkinter 設計視窗應用程式

Python × ChatGPT
開發環境準備

本章將帶您簡單認識 Python 和 ChatGPT，並在電腦上備妥 Python×ChatGPT
程式開發環境。我們將以 Windows 環境為例來示範，若您慣用的是 Mac，
準備工作都大同小異，一起來看看吧！

1-1

Python × ChatGPT 簡介

Python 是一種易學易用且功能強大的程式語言，而用當紅的 ChatGPT 來輔助學習 Python 更是事半功倍，這一節先簡單介紹兩者的特色。

編註： Python 有 2 種唸法，英式發音為「拍審」，美式發音為「拍賞」，兩種唸法都通用。ChatGPT 則分 Chat + GPT 兩塊，GPT 按照字母發音來讀就行了。

 ## 最熱門的程式語言 - Python

Python 是由荷蘭程式設計師 **Guido van Rossum** (https://twitter.com/gvanrossum) 在 1990 年代初期開發出來的，它的名稱取自於英國喜劇團體「Monty Python」。Python 在英文是「蟒蛇」的意思，所以它的 LOGO 才會是蛇的圖案。

Python 之所以廣受歡迎，原因之一是它的**語法簡潔易懂，適合入門**。美國許多頂尖大學都以 Python 做為入門的程式語言課程，而 Raspberry Pi（樹莓派）這個以教育用途開發出來的微型電腦也推薦用 Python 做開發語言：

（照片：Raspberry Pi Foundation）

▲ Raspberry Pi

將小小的電路板接上螢幕和鍵盤，就能當成個人電腦來使用，並用 Python 程式開發各種應用

不只教育現場，世界各地的 Python 的學習社群也是蓬勃發展，例如台灣從 2012 年開始，每年都會舉辦一次 **PyCon** (https://tw.pycon.org/) 社群活動，以課程或座談會等形式讓 Python 使用者相互交流。甚至還有 **PyLadies Taiwan** (https://tw.pyladies.com/) 這個女性同好專屬的 Python 學習交流聚會。由此看來，學習 Python 實在是非常熱門。

Python 另一個特色是**功能強大**，雖說它的語法簡潔，但絕非只能寫簡單的程式，事實上，Python 已被廣泛應用於各行各業中，像 Google、Dropbox 和 NASA 等大型企業或組織都經常使用 Python 來開發各種專案。這歸功於 Python 提供豐富的資源，不但內建了應用廣泛的**標準函式庫**，更有數以千計、由 Python 愛好者所開發的免費**第三方套件**（後面會一一介紹），使用這些資源，通常只要短短幾行程式即可完成複雜的工作，大大降低了撰寫程式的難度。

 ## Python 的版本

Python 以往有分 3 系列跟 2 系列，不過 2 系列已經在 2020 年停止維護，因此現在學 Python3 就可以了。至於 Python3 的細部版本至今仍不斷在更新，本書出版前的最新版本為 3.11.4 版，讀者在下一節建置 Python 開發環境時，跟著本書安裝當下最新版本即可。

 ★ 小編補充 **輔助學習 Python 的法寶**  **ChatGPT**

您或許早已聽過 **ChatGPT** 響叮噹的大名，這是一個人工智慧技術的產物，可以使用自然語言與我們對話。在本書中，小編會在適當時機教您「召喚」ChatGPT 做為學習 Python 的好幫手。不過，**ChatGPT 要用在對的地方**，前 2 章是 Python 最基礎的知識，還用不到 ChatGPT，第 3 章開始才會用到。

請記住，**閱讀本書的您不是孤單的！** 以往自學時可能出現的千奇百怪問題，或者其他書可能拋給您的「若遇到錯誤可自行上網查看看」、「XXX 就留待讀者挑戰看看囉！」… 等需要自立自強的狀況題，本書會以一個個 🟢 **ChatGPT 萬能程式顧問** TIPS 教您用 ChatGPT 輕鬆化解。跟著本書學會用 ChatGPT 來輔助 Python 學習就等於有個助教在旁貼身指導，再也不用擔心遇到問題時求助無門！

1-2

建立 Python × ChatGPT 的執行環境 ★ 小編補充

要開始撰寫 Python 程式，就必須先建立 Python 的開發環境。Python 的官網 (http://www.python.org) 雖然可以下載 Python 的最新版本及內建開發環境，不過官方提供的開發環境、以及內附的程式編輯軟體都比較陽春，因此小編建議使用功能較完整的「**Anaconda 整合開發套件**」做為開發環境，Anaconda 也提供 **Spyder** 這個程式開發工具，對於學習本書非常合適。

 安裝 Anaconda

① 請先連到 Anaconda 官網 **https://www.anaconda.com/products/individual**，依您的作業系統選擇安裝檔，請讀者選用最新的 3.x 版。

Anaconda Installers

按此下載安裝檔，在此是選擇 Windows 版本

Windows ⊞

Python 3.7
64-Bit Graphical Installer (466 MB)

32-Bit Graphical Installer (423 MB)

Python 2.7
64-Bit Graphical Installer (413 MB)

32-Bit Graphical Installer (356 MB)

MacOS

Python 3.7
64-Bit Graphical Installer (442 MB)

64-Bit Command Line Installer (430 MB)

Python 2.7
64-Bit Graphical Installer (637 MB)

64-Bit Command Line Installer (409 MB)

Linux

Python 3.7
64-Bit (x86) Installer (522 MB)

64-Bit (Power8 and Power9) Installer (276 MB)

Python 2.7
64-Bit (x86) Installer (477 MB)

64-Bit (Power8 and Power9) Installer (295 MB)

② 雙按執行下載到的安裝檔。之後的畫面依預設值按下 **I Agree**、**Next** 等按鈕即可完成，安裝約需 10 分鐘。

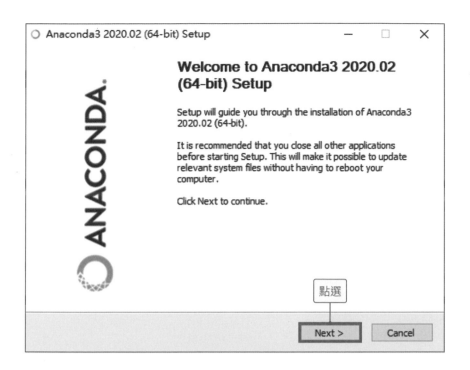

點選

③ 安裝好之後，可在 Windows 的**開始**功能表中看到 Anaconda 的選單命令：

程式開發工具，本書會用它撰寫與執
行 Python 程式

熟悉 Spyder 程式開發工具

Spyder 是一個整合式的程式開發工具，方便我們撰寫、測試程式。讀者可以執行 Windows 開始功能表的「**Anaconda3(64-bit) / Spyder**」來啟動 Spyder：

可在此撰寫程式並儲存為 *.py 程式檔，輸入完畢可以按下 F5 來執行程式

可在此瀏覽及管理檔案

這區是稱為 IPython 的互動式 (Interactive) 交談模式，這裡也可以輸入程式並執行，本書基本上都是在這一區撰寫、執行程式

◆ 小編補充
用 ChatGPT 協助學習 Python 程式

安裝好 Python 開發環境後，本節最後要來備妥 **ChatGPT** 這個法寶，從第 3 章開始，小編會在適當時機教您招喚 ChatGPT 做為學習 Python 的幫手，可以大大提升學習的成效。

ChatGPT 自開放註冊以來，短短兩個月就已經突破上億個用戶，打破所有網路服務的紀錄。底下先帶你加入並熟悉 ChatGPT 的世界。

請注意，底下示範的是截稿前最新的 ChatGPT 註冊及使用方式，日後若操作畫面有變，我們會隨時更新在旗標的 Bonus 網站：**https://www.flag.com.tw/bk/st/F3768**，讀者可在該網頁下載到最新的 ChatGPT 註冊及使用方式。

 ## 申請註冊 ChatGPT 帳號

　　若你從來沒用過 ChatGPT，請先參考底下的說明，註冊成為 OpenAI 網站的會員。

1 首先請連到 ChatGPT 官網 "https://openai.com/blog/chatgpt"，按下「**TRY CHATGPT**」，再點選「**Sign up**」。

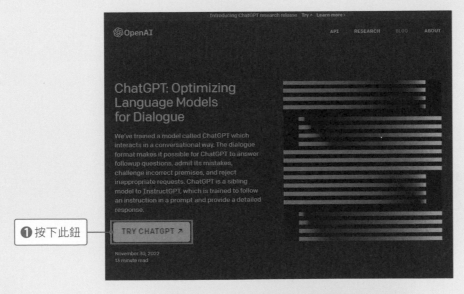

❶ 按下此鈕

若有帳號可按「Log in」登入　　❷ 請點「Sign up」進行註冊

2 接下來就會顯示建立帳戶的畫面，建議直接使用 Google 或微軟的帳戶進行認證，以下我們會以 Google 帳號來示範。

❶ 選擇 Continue with Google

❷ 輸入你現有的 Google 信箱

❸ 輸入密碼，接著就可以跳到 3

通常還需要兩階段認證，請輸入手機收到的驗證碼

3 通過驗證後輸入你的姓名，名稱不會出現在畫面上，不過名稱的縮寫會是預設的用戶圖示。

輸入名字

輸入姓氏

4 接著 OpenAI 網站會驗證手機號碼，選擇 Taiwan(台灣) 之後輸入手機號碼，注意手機號碼開頭不需要「0」，只要輸入 0 之後的 9 個數字就好。最後系統會寄一封顯示「六位數驗證碼」的簡訊到你的手機裡，輸入驗證碼就註冊完成了。

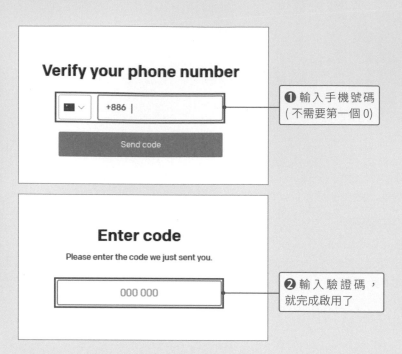

❶ 輸入手機號碼
(不需要第一個 0)

❷ 輸入驗證碼,
就完成啟用了

 ## 如何使用 ChatGPT

ChatGPT 的介面並不複雜,登入 ChatGPT (**http://chat.openai.com/**) 會看到網站說明資訊,瀏覽後點兩次「**Next**」之後再點選「**Done**」,就會看到主畫面。

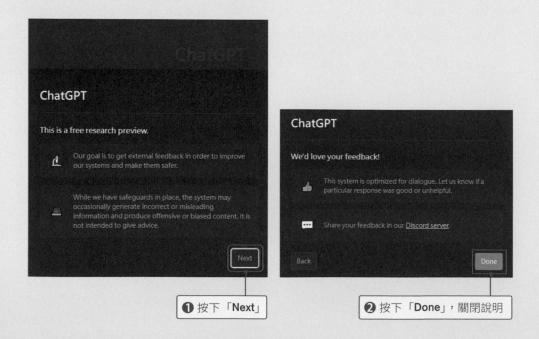

❶ 按下「**Next**」

❷ 按下「**Done**」,關閉說明

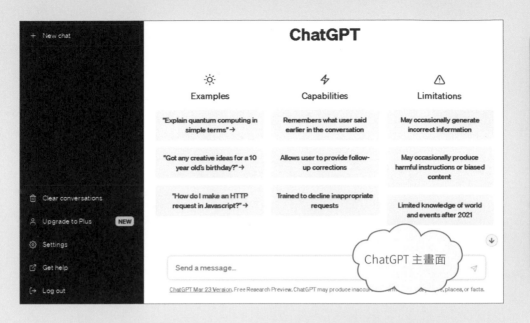

ChatGPT 主畫面

接著就可以在主畫面點擊輸入框，開始跟 ChatGPT 機器人聊天了。只要把你的問題或是要求以文字輸入送出，ChatGPT 就會讀取並給你解答。它支援各國語言，可以直接用你慣用的語言輸入。

小編先輸入幾個問題做示範，讀者可以一起輸入問題，體驗一下 ChatGPT。我們先以簡單的問題開始。

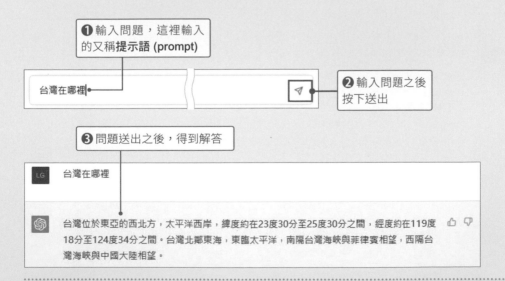

❶ 輸入問題，這裡輸入的又稱**提示語 (prompt)**

台灣在哪裡

❷ 輸入問題之後按下送出

❸ 問題送出之後，得到解答

LG　台灣在哪裡

台灣位於東亞的西北方，太平洋西岸，緯度約在23度30分至25度30分之間，經度約在119度18分至124度34分之間。台灣北鄰東海，東臨太平洋，南隔台灣海峽與菲律賓相望，西隔台灣海峽與中國大陸相望。

★TIP ChatGPT 每次回答的內容不會完全一樣（具隨機性），因此你看到的內容不會跟上圖一模一樣。

不是這樣的單一提問就結束了喔！那就跟一般的 Google 搜尋引擎沒兩樣了。我們可以針對 ChatGPT 回答的內容繼續做延伸的提問，例如若針對內文提到的「經緯度」發問，就會得到進一步解答。

LG 經度跟緯度是甚麼 ← ❹ 繼續延伸問問題

經度和緯度是地理坐標系統中用來標示地球上位置的兩個重要參考值。

經度（Longitude）是用來標示地球東西方向位置的度量值，是以本初子午線（通常指英國倫敦的格林威治天文台）為基準，向東和向西各180度，總共360度。經度以度（°）、分（'）、秒（"）為單位來表示。

❺ 得到解答

緯度（Latitude）是用來標示地球南北方向位置的度量值，是以赤道為基準，向南和向北各90度，總共180度。緯度以度（°）、分（'）、秒（"）為單位來表示。

透過這兩個坐標系統的組合，可以精確地標示出地球上任何一個位置的座標。例如，台灣的緯度約在23度30分至25度30分之間，經度約在119度18分至124度34分之間。

如果對回答不滿意，像是想要更簡單的解釋，同樣可以繼續提出請求。跟 ChatGPT 對答很重要的一點，就是盡量以具體的情境提問，例如加上「初學者也可以理解的版本」這樣的提示語，讓 ChatGPT 做出更符合需求的答案。能夠根據先前的回答繼續逐步修正，正是 ChatGPT 強大的特色之一。

LG 有更簡單的說明嗎 ← ❻ 提出簡化答題的要求

經度和緯度是地理上用來標示地球上位置的值。經度表示東西方向的位置，緯度表示南北方向的位置。它們是由度、分、秒組成的單位，一起組成一個座標系統，可以用來標示地球上任何一個位置。例如，台灣的座標是北緯23到25度之間、東經119到124度之間。

❼ ChatGPT 簡化後的回覆

LG 初學者也可以懂的說明 ← ❽ 將問句更聚焦化

經度和緯度就像是地球的地址，就像我們在郵件上寫的地址一樣，可以幫助我們確定地球上任何一個位置的具體位置。經度是用來描述東西方向的位置，緯度是用來描述南北方向的位置。經度和緯度都用度、分和秒來度量，就像用尺子量一樣。把這些數字組合在一起，就可以標示出一個地點的位置，例如：台灣的位置是北緯23到25度之間、東經119到124度之間。

❾ ChatGPT 最終的答覆，的確變得更簡單易懂了

聊天紀錄的管理

ChatGPT 的聊天紀錄預設會保存下來，而且可以延續之前的對話內容，隨時回各聊天紀錄跟 ChatGPT 對談。您可以參考以下說明來管理這些聊天紀錄：

 使用 ChatGPT 時可能遇到的狀況

總結網路上的各方心得，加上小編多次親自嘗試後，發現 ChatGPT 在使用時可能會發生幾種錯誤，底下整理出幾點提醒，以及你可能會遇到的特殊情況解決辦法。

1. **回應時間長**：通常一個問題的回應速度因流量而定，平均我們需要等 10 秒左右讓 ChatGPT 完成答題，快的話 1～2 秒就可以完成。但如果現在使用人數多，可能會慢到需要等 30 秒～1 分鐘左右。

2. **隨機解答**：同一個問題，每次輸入後往往會有不同的答案，我們沒有辦法控制 ChatGPT 如何回答，只能靠精確用字或是分成多步驟提問，逐漸提高 ChatGPT 答題的精準度。

3. **答案不一定正確：** ChatGPT 無法保證給出的答案都是正確的，不過只要你發現答覆的內容有問題，反提出質疑有滿高的機率會進行修正。本書主要是利用 ChatGPT 輔助學習、生成程式碼，若程式碼有錯，只要將錯誤訊息回報給 ChatGPT，或是提供更詳細的資訊，就會進行修正，只不過有時程式較複雜，需要來回修正很多次。

4. **執行錯誤：** 若遇巔峰時間容易跳出各種紅色的錯誤訊息，訊息種類眾多、難以一一詳列，可以等幾分鐘重新送出問題或是按下 F5 更新網頁再試試看，有時可能要等好一陣子才會恢復正常。

5. **資料具時效性：** ChatGPT 的訓練數據模型至 2021 年 9 月為止，因此若問題很明確提到了最近的時間，ChatGPT 會婉拒回答。但如果付費升級到 ChatGPT Plus 帳號，有機會使用外掛 (plug-in) 獲得最新資訊。

付費升級 ChatGPT Plus 帳號

OpenAI 在 2023 年 3 月 15 日正式推出 ChatGPT-4，目前開放給付費版本的 ChatGPT Plus 用戶使用。根據官方公佈的資訊，總結 ChatGPT-4 的使用體驗有以下幾點特點：

1. 可接受照片、截圖、圖表輸入，並以文字回答。

2. 允許更長的輸入與輸出內容，長度將會逐漸提升到原有的 4 倍。

3. 推論的能力更為強大。

4. 可以處理高難度問題，不僅通過美國當地的律師考試和國際生物競賽，而且成績都有十分明顯的提升。

5. 正確性和可信度都有所提升。

6. 安全性提升，對敏感性問題的防範意識提高。

其中跟本書最相關的就是第 2、3 點。由於後續我們會利用 ChatGPT 幫我生成程式碼，而通常程式碼都有一定長度，採用預設 GPT-3.5 模型，常常會因為長度受限而無法生成完整程式。再者，就小編的經驗，GPT-3.5 模型生成的程式碼，小問題比較多，需要多花一些時間修正錯誤。

因此，小編建議付費升級到 Plus 帳號，使用 GPT-4 模型來生成程式碼會比較妥當一些。若需要可參考以下步驟付費升級：

❶ 在 ChatGPT 畫面左下方按下 **Upgrade to Plus**

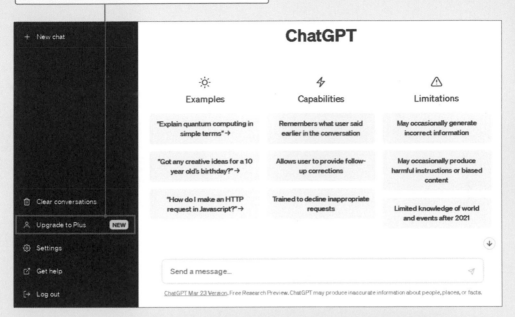

❷ 按下右邊 **Upgrade Plan**（提醒：費用為每月 20 美元）

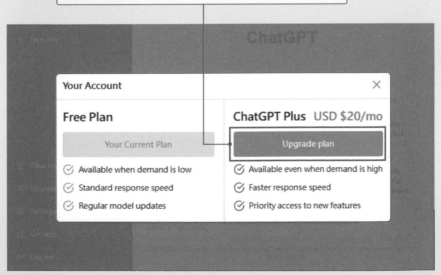

升級完成再登入 ChatGPT 一次，背景多了 PLUS 這個字之外，上方有兩種 Model 選項可做選擇：

❶ GPT-3.5：根據官方說法是速度較快。

❷ GPT-4：現今最新的模型，目前僅開放給 Plus 用戶使用。

 取消訂閱 ChatGPT Plus

ChatGPT Plus 帳戶是每月扣款，這邊也一併交代取消訂閱的方法，在 ChatGPT 對話視窗的左下角，點選 **My plan** 之後會挑出帳戶資訊，再點選下方的 **Manage my subscription**。

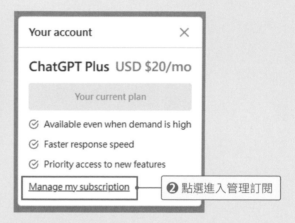

最後會帶到付款資訊的頁面，點選右方的「取消計畫」就完成了。

1-3 執行 Python 程式的方式

本節將介紹撰寫、執行 Python 程式的幾種方式。首先，本書大部分的情況會在 Spyder 右下角的 IPython 區，也就是**互動式交談模式** (Interactive Shell, 後面簡稱**互動式 Shell**)」撰寫、執行程式，每寫一行都可以按下 Enter 執行。另一種方式，則是把程式碼寫在 Spyder 左邊那一大塊程式編輯區中，撰寫完畢後，可以按下 F5 來執行所有程式。底下就分別示範這兩種方式。

 ## 1. 在互動式 Shell 撰寫、執行程式

在 Spyder 右下角的互動式 Shell 中，標示著 **In[ ]** 的那一行（編：有些工具會以 **>>>** 來表示）就是可以撰寫程式碼的地方，輸入完按下 Enter 後，就可以執行程式內容。請輸入下面的程式碼並按 Enter 試試看吧：

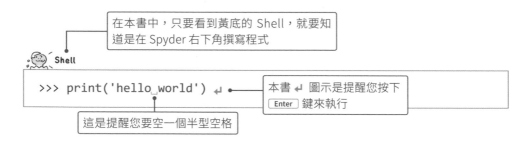

在本書中，只要看到黃底的 Shell，就要知道是在 Spyder 右下角撰寫程式

```
>>> print('hello world') ↵
```

本書 ↵ 圖示是提醒您按下 Enter 鍵來執行

這是提醒您要空一個半型空格

Spyder 上的實際操作如下，但大部分的情況我們會用黃底框來表示：

```
Console 1/A ×

Python 3.9.13 (main, Aug 25 2022, 23:51:50) [MSC v.1916 64 bit (AMD64)]
Type "copyright", "credits" or "license" for more information.

IPython 7.31.1 -- An enhanced Interactive Python.

In [1]: print('hello world')          在 In[1]: 後面輸入程式後，按下 Enter
hello world                           可看到在程式的下一行成功輸出 hello world

In [2]:                               出現新的一行 In[2]，可以繼續輸入程式來執行
```

讀者應該有注意到，寫在互動式 Shell 中的程式碼會按照語法以不同顏色呈現（例如 print 是紫色字），這可以讓使用者在撰寫或查看程式碼時更容易閱讀，而且如果打錯字（例如 print 誤植成 prinf) 就不會變色，比較容易發現錯誤（編：現在解釋各顏色的意義您一定記不住，第 2 章會再説明）。

★小編補充　Python 程式的基本組成單元：敘述 (Statement)

Python 程式是由**敘述** (Statement) 所組成的。**敘述**是程式中最小的執行單位，例如前面的「**print('hello world')**」就是一個敘述。通常一個敘述就是一行，而且要由一行的最前面開始寫。此外，print 是稱為函式 (Function) 的最小語法單元，就像英文句子裡面的單字一樣，名稱必須保持完整，不可將 print 分開寫成 pr int，更不可斷成 pr、int 二行。

 ## 2. 在程式編輯區撰寫 *.py 程式檔案並執行

第二種 Python 程式執行方式是在 Spyder 左側的**程式編輯區**輸入並執行。請輸入剛剛在互動式 Shell 執行的 print() 程式碼。Spyder 的程式編輯區就像 Word 一樣，輸入內容後就可以存檔，請將程式存成「hello.py」檔案。

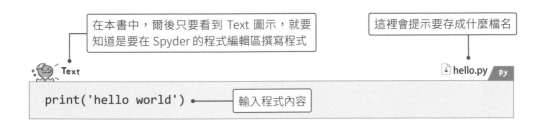

在本書中，爾後只要看到 Text 圖示，就要知道是要在 Spyder 的程式編輯區撰寫程式

這裡會提示要存成什麼檔名

```
print('hello world')
```
輸入程式內容

Spyder 上的實際操作如下：

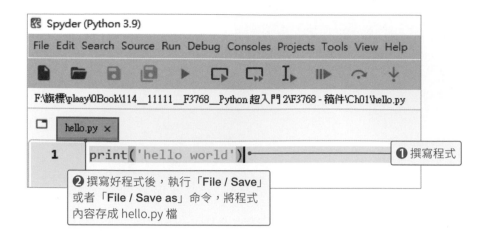

❶ 撰寫程式

❷ 撰寫好程式後，執行「**File / Save**」或者「**File / Save as**」命令，將程式內容存成 hello.py 檔

儲存好「hello.py」這個檔案後，在 Spyder 畫面按下 [F5]，或者點擊選單上的 ▶ 就可以執行，右下角的 Shell 區如果有輸出 hello world 就代表執行成功：

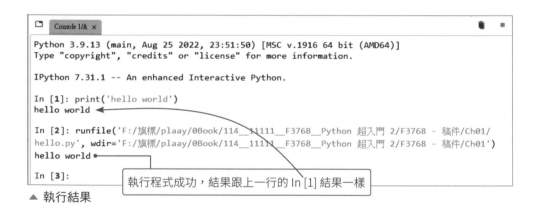

執行程式成功，結果跟上一行的 In[1] 結果一樣

▲ 執行結果

 ## 撰寫第 2 支 Python 程式

再來撰寫第 2 支 Python 程式，多熟悉一下互動式 Shell 的操作吧！這次要輸入、執行的內容有兩行：

```
01 >>> import calendar ↵      ←── 輸入並執行第 1 行
02 >>> print(calendar.month(2022,5)) ↵   ←── 輸入並執行第 2 行
```

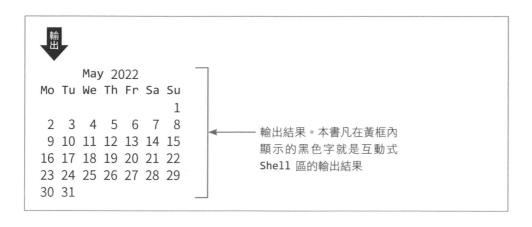

```
      May 2022
Mo Tu We Th Fr Sa Su
                   1
 2  3  4  5  6  7  8
 9 10 11 12 13 14 15
16 17 18 19 20 21 22
23 24 25 26 27 28 29
30 31
```

輸出結果。本書凡在黃框內
顯示的黑色字就是互動式
Shell 區的輸出結果

雖然還沒仔細講解這兩行程式的語法，但從英文來看應該不難猜出是要印出一份月曆吧，我們只用 2 行程式就印出了月曆！

程式說明：

- **第 1 行**：用 **import calendar** 來匯入一個名為 **calendar** 的函式庫 (Library)，函式庫簡單說就是 Python 官方或第三方（非官方）寫好的現成程式功能，我們可以在需要時將其**匯入 (import)** 到程式中使用。

  再次提醒，第 1 行程式內有個 ⌴ 圖示，本書是用此圖示表示「空一格半形空格」，由於前 2 章剛起步學，因此該空格的地方會以此圖示提醒您注意，否則有時候該空格卻沒空格就會出錯。

- **第 2 行**：使用 calendar 函式庫的月曆功能，以指定年份與月份數字的方式來輸出 2022 年 5 月的月曆。也就是說，只要把程式碼中的數字改掉，就能顯示出不同年月的月曆，例如輸入 **calendar.month(2023, 6)** 就會顯示 2023 年 6 月的月曆，輸入 **calendar.month(2021, 7)** 就會顯示 2021 年 7 月的月曆。

如果這兩行程式有程式碼打錯了，執行後會出現各種 Error 的訊息。例如第 2 行最後如果多打了一個右括弧，這會造成語法的錯誤而顯示「Syntax Error」（語法錯誤），而且在出錯的地方會用「^」符號標示，方便我們快速找出錯誤進行修正：

```
02 >>> print(calendar.month(2022,5)))
    File "<stdin>", line 1
      print(calendar.month(2022,5)))    ←———— 最後面多打了一個右括號
                                  ^      ←———— 「^」符號會標出錯誤位置
    SyntaxError: unmatched ')'    ←———— 提示語法錯誤，並告知有一個
                                        沒有匹配的 ')' 右括號
```

當遇到執行錯誤而想修正時，不必全部重新輸入程式，只要在互動式 Shell 內按下鍵盤的「↑」鍵，就會依序出現剛剛輸入過的各行程式碼，按一次是顯示最後輸入的那一行，再按一次則是倒數第二行…依此類推，之後再用「←」、「→」移動做修改即可；以此例來說刪掉第 2 行最後一個右括號再按 Enter 重新執行就 OK 了。

ChatGPT 萬能程式顧問

★ 小編補充　程式執行錯誤？
丟給 ChatGPT 幫我們除錯

初學 Python 難免手忙腳亂，熟悉操作環境都快沒時間了，照書演練時 key 錯內容絕對是家常便飯（或許前面那兩行您就執行失敗了！錯的地方還跟書上寫的不一樣，也看不懂錯誤寫什麼！）。本書當然無法詳列讀者可能碰到的錯誤訊息，而一旦程式碼有點複雜時，一下子想找出錯誤也不是容易的事，**沒關係閱讀本書的您不是孤單的**！雖然前面有提到第 3 章開始才會用到 ChatGPT，但這裡我們先牛刀小試一下，搬出 1-2 節請您準備的 ChatGPT 來幫忙，錯誤訊息看不懂？把程式跟錯誤訊息一塊問問 ChatGPT 大神吧！

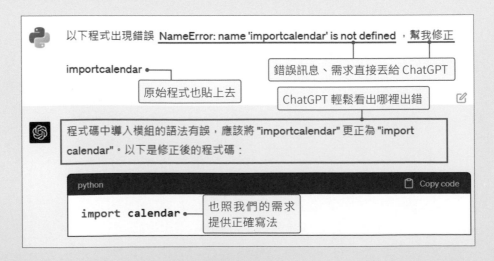

再展示另一個用 ChatGPT 幫忙糾錯的例子：

以上舉的例子很簡單，但應該足以體會用 ChatGPT 輔助學習程式的妙用，更棒的是有些初學的問題可能不好意思問人，有了 ChatGPT 後，哈！什麼問題儘管問！

不過，ChatGPT 看似很完美，但有一點先提醒讀者：除了請 ChatGPT 修正我們自己寫的程式外，後面的章節可能會透過 ChatGPT 幫我們從無到有生成程式，依小編的經驗不見得一次就會生成 OK，程式中可能冒出各種錯誤。當然，一旦錯誤時，也可以繼續反問 ChatGPT 讓它幫它自己生成的程式除錯，不過這裡要強調的是，**還是要先跟著本書穩紮穩打學好 Python 基礎再用 ChatGPT 來協助**，因為萬一 ChatGPT 寫出來的程式無法執行時，你壓根看不懂，又沒有除錯、修改、或者提供 ChatGPT 修正方向的能力，到頭來可能一直跟 ChatGPT 瞎聊，它什麼忙也沒幫上，所以跟著本書紮穩自己的基本功是重中之重喔！

1-4 撰寫程式需注意的規則

程式語言是為了讓電腦理解我們的需求，而在與電腦溝通時，就得遵照嚴謹的規則，前一節已經稍微體驗到一些，像是空格不能該空沒空、括號不能想加就加、更不能 key 錯字 ... 等，本節再提兩點爾後要注意的重要規則。

 ### 符號差一點差很大！

在程式語言中，每個符號都有特殊意義，不能隨意更換。以括號為例，中英文文章裡面有各種括號，雖然用法不太一樣，但就算括號用錯了也不太會影響閱讀，但在程式中就不一樣了：

```
['蘋果' , '橘子' , '檸檬']
```

```
{'蘋果' , '橘子' , '檸檬'}
```

▲ 文字用不同括號括起來，並用逗號隔開

在這個例子中，同樣的 3 種水果分別以 [ ] 中括號和 { } 大括號括了起來，從人類的角度看可解讀是差不多的資訊，但這兩行在 Python 中會被視為完全不一樣的程式資料（後述）喔！而除了括號以外，搞錯；（分號）和：（冒號），或者'（引號）用的不匹配（例如前面有撇後面沒撇、前面一撇後面兩撇 ...）等甚至可能造成程式出錯。當程式無法順利運作時，可以從這種不易察覺的符號問題檢查起（通常程式編輯器也會提示我們錯誤訊息）。

> **★編註** 除非是程式量很大，忙中有錯，否則符號的用法是基本功中的基本功，寫好程式後應該要養成隨時檢查的好習慣，拿符號問題去請 ChatGPT 除錯小編覺得有點「大材小用」，ChatGPT 還是要用在對的地方喔！(第 3 章開始會介紹)。

上面兩種括號的差異會在 2-4 節「資料型別 (data type)」做說明，現階段只要記住這種微小的差異在程式中可是有很大的不同。

Python 的縮排很重要！

程式語言的嚴謹之處不只是符號而已，特別在寫 Python 程式時，要怎麼在程式碼中加「**縮排 (indent)**」是很重要的，請看下面的例子。

▶ **範例1**

```
>>> def happy():
...     print('life')
```

▶ **範例2**

```
>>> def happy():
... print('life')
```

上面列出兩個範例，您能看出兩者的差異嗎？

答案是**它們的第 2 行不一樣**，差在 print() 的左邊有沒有加空格縮排。不要小看這個縮排，有縮排的**範例 1** 可以順利執行，沒縮排的**範例 2** 執行後 Python 會告訴你它是錯的，因為它不符合 Python 的規則。Python 規定必須在特定的地方加上縮排，好讓程式碼更容易閱讀。

為了寫出容易閱讀、理解的 Python 程式，縮排是有其必要的，這就好比在稿紙上寫作文時，老師會要求我們在每個段落前方空兩格一樣。請記住，Python 這位嚴格的老師是不會接受段落開頭沒有空兩格的原稿喔！關於縮排的做法、以及什麼情況要縮排，後面會再慢慢說明。

1-5 本書慣用的表示法

前幾節閱讀內文時有看到不同顏色的程式框，本章最後為您做個整理，方便讀者後續閱讀、學習。

黃色框：在互動式 Shell (IPython) 內操作

前面提到，本書主要都是在 Spyder 右下角的互動式 Shell 撰寫、執行程式，書中是以**黃色框**來表示互動式 Shell。在黃框中，每行開頭的「**>>>**」就相當於互動式 Shell 中的 ln[1]、ln[2]...，表示後面要輸入程式。

需要輸入的程式碼會用**粉色字**表示，執行結果則以**黑色字**表示。若看到**灰色字**的程式，表示前面相關聯的範例有執行過了，效果還在，不用再輸入一次。當然，不用輸入灰色字的前提是您都有照著本書的指示來操作，若沒有，就必須視情況輸入、執行灰色字。

```
Shell
01 >>> import_tkinter_as_tk ↵
02 >>> base_=_tk.Tk() ↵
03 >>> radio_value_=_tk.IntVar() ↵
```

之前也有提到，在互動式 Shell 執行 Python 程式時，輸入完一行程式後要按下 [Enter] 來執行，黃色框當中每一行最後的 ↵ 就表示要按下 [Enter]。要特別注意的是，如果某一行程式碼太長，在書中可能因為版面放不下而折成兩行，像這種情況，第一行程式的最後就不會有 ↵ 圖示，表示還沒有要執行。總之，看到 ↵ 再按下 [Enter] 執行就對了。

此外，本書前 2 章會用 ⌴ 圖示來提醒「要加上半形空格」，有些是一定要輸入否則執行後會錯誤（例如前一頁黃框第 1 行），有些則是為了便於閱讀而空一格（例如前一頁黃框第 2、3 行），因為程式碼若通通擠在一起會不易閱讀。

 ## 藍色框：用以解說的程式碼

本書不定時會出現**藍色框**的 Python 程式，這是執行範例後、回過頭解說程式用的，不用再跟著輸入、執行：

```
for count in range(3):
```

 ## 綠色框：表示「撰寫程式、並儲存成 *.py 檔案」

看到綠色框表示在 Spyder 左邊的程式編輯區撰寫程式，最後儲存成 *.py 檔，例如下圖是提示您存成 newyear3.py 檔：

Text   ⬇ newyear3.py `py`

```
if __name__ == '__main__':
    print('happy new year !!')
```

 ## 粉色框：在 command line 工具操作

在本書中，會用**粉色框**來表示在 command line 工具（例如 Windows 的**命令提示字元**、Mac 的**終端機**）中操作。本書需要啟動 command line 工具的次數不多，通常是在安裝第三方（非 Python 內建的）函式庫時，才需要 command line 工具輸入指令來安裝。

此外，在 command line 工具上可以利用 **python *.py** 指令來執行 *.py 程式，結果跟在 Spyder 工具內按下 F5 執行一樣，不過本書大部分的情況都是在 Spyder 內執行程式，因此讀者大概知道有這個做法就可以了：

Console

```
C:\Users\kamata>pip install beautifulsoup4 ↵          例如這是安裝
                                                      第三方函式庫

C:\Users\kamata>cd Desktop ↵
                                                      這是切換到檔案
                                                      路徑後,執行
C:\Users\kamata\Desktop>python newyear3.py ↵          .py 程式
```

 ## 語法框

最後,初學 Python 最重要的就是掌握基礎語法,本書凡第一次出現的語法都會列在**語法**框中,寫程式時若一時記不住語法,就可以回頭查看各語法框:

語法

class 類別名稱:
  ⌜tab⌝ **宣告變數**
  ⌜tab⌝ **宣告函式**

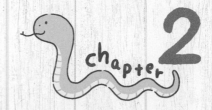

chapter 2

開始撰寫 Python 程式

前一章已經備妥 Python✕ChatGPT 的環境,接下來就正式來學習撰寫程式。本章會介紹基本的數值計算、變數 (variable)、資料型別 (data type) 等 Python 重要知識,每個範例都會在 5 行以內搞定!

用 Python 做數值計算

運算式及算數算符 + - * /

運算式就是「運算資料的式子」，例如「1+2」，其中運算的符號稱為**算符** **(operator)**。本節先以數值計算會用到的「算數算符」為例，做一些簡單的運算式演練。

　　首先請啟動 Spyder，在右下角互動式 Shell 跟著底下的內容操作，學習如何在程式中使用算符來做運算。

加法和減法運算

　　算數算符最常用的就是**加 (+)**、**減 (-)**、**乘 (*)**、**除 (/)**。例如輸入完 A+B 後，按下 ⌈Enter⌋ 鍵就能執行這個運算式算出答案。前一章有提到，本書中有看到 ␣ 的地方，請跟著輸入半形空格；有看到 ↵ 的地方表示按下 ⌈Enter⌋ 鍵執行：

Shell

```
>>> 1129 + 2344 ↵    ◄──── 重申：黃框內粉色字是要輸入、執行的內容
3473   ◄──── 下方的黑色字則是輸出結果
```

★ **編註** 本例在數值和 + 之間加不加空格都是符合 Python 語法的，不過本書習慣在數值和算符之間加一個空格，這樣比較好讀，因此建議您這樣輸入。

您可以用任意的數字計算看看，都會顯示計算後的結果：

 Shell

```
>>> 1129 + 2344 ↵
3473
>>> 3473 + 376 ↵
3849
>>> 400 - 330 ↵
70
```

 ## 乘法和除法運算

也來試試乘法與除法運算，不過要注意的是，乘法的算符不是「×」而是「*」，除法的運算符號不是「÷」而是「/」。此外，程式的乘除顯示結果跟我們想的不太一樣喔！

 Shell

```
>>> 2800 * 1.08 ↵
3024.0   ◄──── 整數與帶有小數的值（稱作浮點數）做算數運算時，結果會是浮點數
>>> 1920 / 12 ↵
160.0   ◄──── 使用除法時，無論是否整除，結果都會是浮點數
```

算符的運算優先順序

算符是有運算優先順序的，前面演練的四則運算我們知道是「**有括號優先算括號內，否則就是先乘除、後加減**」，基本上程式也是遵照此原則：

```
>>> （40 + 50） * 3 - 50 ↵
220
>>> 40 + 50 * 3 - 50 ↵
140
```

譯註 凡是用小括號括起來的運算式會最優先計算，完整的算符優先順序
可參考官網：docs.python.org/3/reference/expressions.html#operator-precedence。

用 % 算符求餘數

除了加減乘除外，Python 上要如何計算餘數呢？很簡單，用「**%**」百分比
符號就行了：

```
>>> 255 % 3 ↵
0
>>> 255 % 7 ↵
3
```

如上面的例子，255 除以 3 是 85 整除，餘數為 **0**。而 255 除以 7 是 36 餘
3，餘數為 **3**，得到的餘數都會是整數。

♦ 餘數的用途

餘數什麼時候會用到呢？舉個簡單的例子，想用程式來判斷某個數字是奇
數還是偶數時，就可以使用餘數。作法就是想判斷的數字**除以 2** 來求餘數，
餘數值是 0 的話就是偶數，是 1 的話就是奇數。

	是 "0" 的時候是偶數
	➡ 2, 4, 6, 8, 10 等
除以 2 的餘數 ...	
	是 "1" 的時候是奇數
	➡ 1, 3, 5, 7, 9 等

▲ 使用餘數就能知道是奇數還是偶數！

　　除此之外，假設要用程式將學生分成 4 組時也能使用餘數。把學生的座號除以 4，就能把餘數相同的學生分到同一組了。餘數這種可以協助判斷的用法請在腦海中有個印象喔！

 ## 用 ** 算符計算次方

　　計算次方所用的是「**」算符，有點特別請稍微記一下：

 Shell

```
>>> 2 ** 3 ↵
8
>>> 5 ** 4 ↵
625
```

> ◆編註 次方若為小數，就可以計算開根號了，例如 4 ** 0.5 是算平方根、8 ** (1/3) 則可計算立方根 ... 等。

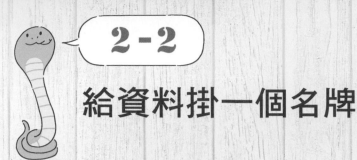

2-2 給資料掛一個名牌

變數

這一小節將介紹程式設計重要的觀念：**變數 (variable)**。變數可以讓我們重複使用數字或文字等資料，以生活的例子做比喻，就像手機的通訊錄，沒事不會去背號碼，只要透過聯絡人名稱就可以找到號碼。而在許多程式語言中，變數實際上就是存資料的箱子，不過 Python 的變數其實是個**名牌**或**便利貼**喔！

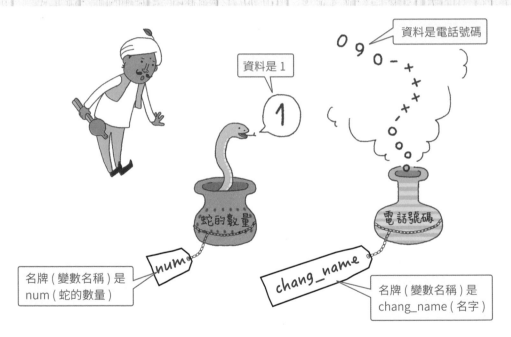

資料是電話號碼

資料是 1

蛇的數量

電話號碼

名牌 (變數名稱) 是 num (蛇的數量)

num

chang_name

名牌 (變數名稱) 是 chang_name (名字)

Python 的變數就像名牌

如前所述，我們不太會去背朋友和同事的電話號碼，而是把名字和電話為一組綁定在通訊錄中，需要查某某電話時，就用名字來查。從這個角度來看，在 Python 中，用變數為資料命名就是把變數名當成一個**名牌**綁 (bind) 到資料上面，這一點和傳統的程式語言把變數當成容器、箱子有很大的不同喔！

▲ 手機的通訊錄

　　在 Python 中，變數的用途就是先準備好會用到的數值或字串（即一串文字）資料，然後幫這些資料綁定一個變數名稱，之後只要指定變數名稱就能存取這些資料。而 Python 的變數名稱雖然可以用中文，不過一般還是習慣以英、數字來命名。

　　在還不習慣寫程式的時候，可能會覺得變數不是太好懂，不用擔心，後面會帶您多演練幾個例子，這一章看完您就會覺得不用變數反而不習慣！

試著使用變數來撰寫程式

　　前一節我們已經使用 Python 做過各種數值運算，不過感覺跟按計算機差不多，現在我們試著利用變數來撰寫程式，感受一下它的用途。

　　定義變數的語法如下，只要在變數名稱和資料中間加上「**=**」這個指派 (assign) 算符即可（等號前後加不加空格都可以，本書習慣加上空格）：

語法

> 變數名稱 **=** 資料

這樣的動作稱為**將資料指派給變數**，如同前述，它的意思就是替資料掛上（綁定）變數名稱的名牌。為了方便表達，後續本書多半會把 a = xx 說成「把 xx 指派給變數 a」。

請牢記，此處的 = 號不是數學上的等於喔！而是指派算符，用來把等號右邊的資料指派給左邊的變數。現在就啟動互動式 Shell，實際撰寫程式來熟悉變數吧！

> Shell

```
01 >>> tax␣=␣0.1 ↵
02 >>> price␣=␣120 ↵
03 >>> suzuki_telephone␣=␣'0988-123-456' ↵
```

程式說明：

- **第 1 行**：將 0.1 這個「浮點數」資料指派給 tax 變數。

- **第 2 行**：把 120 這個「整數」資料指派給 price 變數。

- **第 3 行**：把 '0988-123-456' 這個「字串」資料指派給 suzuki_telephone 變數（**編註：**疑～電話號碼不是數字嗎？但視為一串文字比較不奇怪，因為電話號碼的數字沒有計算意義）。

接著，來確認一下是否有指派成功。請輸入 tax 再按下 Enter 鍵，這可以查看 tax 的內容。然後也依序輸入 price、suzuki_telephone 並執行：

> Shell

```
>>> tax␣=␣0.1 ↵
>>> price␣=␣120 ↵          以上這些輸入並執行過了
>>> suzuki_telephone␣=␣'0988-123-456' ↵
>>> tax ↵     直接執行變數名稱或者執行 print(變數名)
0.1           都可以查看變數所綁定的資料
>>> price ↵
120
>>>suzuki_telephone ↵
'0988-123-56'
>>>
```

可看到畫面上顯示變數所代表的數值和字串，表示這些資料已順利與各變數綁定好了。

接下來再使用這些變數來試試乘法運算：

```
>>> price * tax ↵
12.0
>>> 120 * 0.1 ↵
12.0
```

← 使用變數與實際拿數字來計算的結果相同

從以上兩行看到，即便沒用上變數當然也能計算，不過從以下兩點可看出變數的優點：

- 第一點，**方便後續存取**。就像通訊錄的例子，可以將難記的電話號碼替換成 suzuki_telephone 這種好搜尋的名稱，這樣才方便找號碼。又或者用 pi = 3.14159 替圓周率命名，就方便拿來後續計算，不用每次都重 key 一遍圓周率數字了。

- 第二點，幫資料綁定名字後，**有了名字就有了意義**。例如前面將 0.1 這個數值指派給 **tax** 變數。tax 是稅金的意思，所以看到某個數字乘以 tax 的運算式時，比較能直覺想到「這應該是用來計算稅額的算式」。老話一句，就算不使用變數也能算出結果，不過大概只有非常敏銳的人，才能一下就看出 price * 0.1 當中的 0.1 是指稅率吧！程式一旦寫多了，看起來好懂也是很重要的！

變數的命名規則

雖然變數可以自由命名，但不是所有文字都能用在變數名稱中。幫變數命名須符合 Python 的命名規則：

- 名稱中只能包括：數字、大小寫英文字及 _ 底線，雖然可以用中文，一般不建議。

- 名稱開頭第 1 個字不能是數字。

- 不能使用 Python 的「保留字」（後面會說明什麼是保留字）。

我們來試試開頭第 1 個字使用數字會發生什麼事：

Shell

```
>>> value␣=␣100 ↵  ◄──── ok
>>> _value␣=␣300 ↵  ◄──── ok
>>> 2value␣=␣500 ↵  ◄──── 出錯！
  File "<stdin>", line 1
    2value = 500
         ^
SyntaxError: invalid syntax
```

　　value 和 _value 這 2 個變數名稱執行上都沒問題，不過以 2value 做變數名稱，執行後出現「SyntaxError: invalid syntax」的錯誤訊息。這行的意思是「**語法錯誤：無效的語法**」，語法指的就是 Python 的撰寫規則。

> **★譯註** 有一點請注意，變數名稱中的英文大小寫是有分別的，例如 value 和 Value 會被視為不同的變數。對於初學者來說，全部使用小寫會是個不錯的主意，若變數想要含多個單字，可以用 _ 分開，例如前面看過的 suzuki_telephone。

　　接著來驗證「**不能使用保留字**」這條規則。「保留」代表設計 Python 的人已經替某些單字設定了特定功能，因此保留字就是指 Python 中具備特定用途的字串。Python 的保留字如下表：

False	None	True	and	as	assert	async
import	break	class	continue	def	del	elif
else	except	finally	for	from	global	if
import	in	is	lambda	nonlocal	not	or
pass	raise	return	try	while	with	yield

▲ Python 的保留字

　　如果把變數名稱設成保留字會怎麼樣呢？下面就用 finally 和 global 這兩個保留字來試試：

Shell

```
>>> finally = 888 ↵
File "<stdin>", line 1
    finally = 888
    ^^^^^^^
SyntaxError: invalid syntax ◄──── 語法錯誤
```

 Shell

```
>>> global = 127 ↵
File "<stdin>", line 1
    global = 127
           ^
SyntaxError: invalid syntax ◄──── 語法錯誤
```

與沒有遵守第 1 項規則一樣，執行後出現了「SyntaxError: invalid syntax」的錯誤訊息，因此記得要避開用保留字。

> **★ 小編補充** 在 Spyder 中輸入程式時，保留字會以藍字顯示、內建函式則為紫色、字串為綠色、數值為咖啡色，一般字則為黑色，看顏色就不會弄錯了！

看了上述規則後，在命名變數時，建議使用可以代表變數意義的英文單字。例如若要把「蘋果的價格」指派給變數，那麼 apple_price 就蠻清楚的，當別人閱讀你的程式時，很容易就能理解這個變數的用途。

 小結

以上就是變數的說明，由於目前只有進行簡單的運算，變數也只有用在替換數值上，讀者可能還無法深刻體驗到變數的好處，慢慢來吧！後續學習新的功能並挑戰複雜一點的程式碼，就能體會變數的方便了！

2-3

哪邊比較多？比較大？

比較算符

程式裡也常需要做資料的比較，用的是「比較算符」，包含數學上常用的大於「>」、小於「<」符號，一起試著用這些算符做資料的比較吧！

 試著使用比較算符

生活中常會遇到「哪邊比較好？」或「比較喜歡哪個？」等需要比較的情境，而程式中的比較通常是以資料為對象，例如「哪邊數字比較大？」、「當左邊的資料小於右邊時就如何如何 ...」諸如此類的判斷。

而在操作前讀者不妨先試想一下，用程式比較出來的結果會是什麼呢？「對 / 錯？」、「Yes / No ？」直接透過互動式 Shell 確認看看吧！請輸入「34 > 22」並執行這行程式：

 Shell

```
>>> 34 > 22 ↵
True ←———— 結果長這樣
```

使用大於符號「>」比較 34 和 22 後，輸出了 **True** 的結果。這是指 34 > 22 被判斷為 True（真），也就是正確的意思。

接著轉個方向改用小於符號來執行看看：

```
Shell
>>> 34 < 22 ↵
False
```

這次輸出了 False。表示 34 < 22 被判斷為 False（假），也就是錯誤的意思。像這樣，**程式會以 True 來表示真，以 False 來表示假**。True 和 False 是稱為**布林值(Boolean)**的資料型別，2-4 節會再介紹。

Python 的比較算符如右表所示：

比較算符	例子	意義
>	x > y	x 大於 y
>=	x >= y	x 大於等於 y
<	x < y	x 小於 y
<=	x <= y	x 小於等於 y
==	x = y	x 等於 y
!=	x != y	x 不等於 y

▲ 比較算符一覽

其中要注意的是 **==** 這個等於符號，初學程式很容易一時忘了，還是用 **=** 這個指派算符來做「等於」的比較，自然無法得到比較結果；此外 **!=** 這個符號也可能有點陌生，請稍微記一下這兩個符號。

底下分別用「=」和「==」符號來寫程式看看：

```
Shell
01 >>> apple = 15 ↵    ◄─── 指派數值給變數
02 >>> apple == 15 ↵   ◄─── 將 15 和 apple 變數做比較
   True
```

程式說明：

● **第 1 行**：將 15 這個數值指派給 apple 變數。

● **第 2 行**：判斷 apple 變數與數值 15 是否相等，最後得到 True（真）的結果。

比較算符在用程式做條件判斷（第 3 章）最常用到，而 True / False 也是初學程式比較陌生的概念，但用程式做條件判斷經常得用上它們，True 表示條件成立、False 表示條件不成立，後續再慢慢看它們的用法。

2-4

Python 會處理到的各種資料類型

資料型別

資料的樣貌百百種，有中 / 英文等文字，也有物體長度、體重、金錢這樣的數值，文字跟數值都是我們所熟悉的，而 Python 上定義了更多我們不太熟悉的資料種類，本節就一起來看看。

為了可以正確、或更方便地處理資料，Python 規劃了多種資料種類，稱為**資料型別** (data type)。本節將介紹 7 個較重要的型別，比較簡單的有**數值**型別、**字串**型別，比較複雜的則有**邏輯**型別、**串列 (list)** 型別、**字典 (dict)** 型別、**tuple** 型別、**集合 (set)** 型別 ... 等。

 ## 資料型別的必要性

要用 Python 處理資料，一定要先熟悉什麼是資料型別，並知道各型別的特點。底下先用一個簡單比喻帶讀者建立資料型別的基本概念。

 這是什麼品種的菇類？

某人在爬山的途中，發現了一朵菇。由於手邊沒有菇類的圖鑑，所以不知道這菇能不能吃？能否當作藥物？還是它根本就有毒？！由於資訊不明，最後只好選擇不碰（因為處理不了），繼續往山頂前進。

在這個例子中，由於不知道菇的品種和特徵，所以既不敢吃，也不敢冒然做任何處置，回到 Python，那朵菇就是指「資料」，而菇的種類、品種就算是「資料型別」。進一步的說，若把資料交給程式，但沒清楚告訴程式它是什麼種類，程式就不知道該如何處理，甚至可能認都認不得咧！（**編註：**不過大部分情況只要符合 Python 的規則，Python 都能自動判別出型別，Python 很聰明）。

數值型別

常見的**數值**型別有**整數**及**浮點數**（有小數點）。整數在程式中稱為 **int**，浮點數則是 **float**。

同為數值型別的資料可以做加減乘除的數學運算，但若型別不同，例如一個數值跟一串文字（待會所看到的**字串**型別），Python 就不知道要怎麼加！從這點可以稍微了解為什麼要區分資料型別吧！

◆ 整數

Python 會自動將不含小數點的數值判定成**整數**型別 (int)。下面程式中的 34、56，以及計算結果的 90 都屬於整數型別。而被指派了整數 55 的 number 變數，也會被視為整數型別。**變數綁在什麼型別的資料上，它就是什麼型別！**

```
>>> 34 + 56 ↵
90
>>> number = 55 ↵
```

◆ 浮點數

浮點數這個詞彙可能有點陌生，其實它就是包含小數點的數值。例如 3 是整數、3.0 就是浮點數。下面程式中，屬於浮點數的有 3.4、第 1 行的計算結果 8.4，以及第 2 行的計算結果 2.0。

```
>>> 5 + 3.4 ↵
8.4
>>> 4 / 2 ↵
2.0
```

編註：從這裡可以知道，使用除法時，即便可以整除，結果也會是浮點數

> **★TIP** 數值類的型別其實還有一種**複數** (complex) 型別，例如：2+3j，其中 j (或 J) 代表虛數，如果虛數部分是 1 也得寫成 1j，例如：3+1j。本書後續不會用到複數所以稍微知道即可。

字串 (str) 型別

字串型別是由一串字元所組成，字元可以是中、英 ... 等各國文字、數字或符號。只要在一段字元的前後加上單引號 ' 或是雙引號 " (前後要一致)，就能將該段文字以字串的形式傳給程式。下面藍框中 Python 就認得 'happybirthday' 這個字串。您可以試試如果沒加引號，只輸入並執行 happybirthday 會發生什麼事：(答：會顯示 **name 'happybirthday' is not defined**，因為會以為這個英文字是變數，而這個變數沒有定義過，所以認不得)

```
>>> 'happy_birthday'  ↵
'happy_birthday'
>>> message_=_'生日快樂'  ←
```

認得字串，執行沒有問題

把 '生日快樂' 指派給 message 變
數，此變數就是字串型別

另外，如果像底下這樣在第 1 行輸入 3 個連續的單引號或雙引號，按下 Enter 後就能繼續輸入多行文字，進而產生多行文字的字串，請照著底下輸入並執行看看，別忘了輸入結束前的最後一行也要輸入 3 個連續的單引號或雙引號做結尾：

Shell

```
>>> '''  ↵
... Sunday  ↵
... Monday  ↵
... Tuesday  ↵
... '''  ↵
'\nSunday\nMonday\nTuesday\n'
```

輸入的字串有 3 行，因此會輸出
含有 3 個「\n」換行符號的字串

 ## 字串也可以拿來運算？

前面提過數值型別可以使用 +、-、*、/ 等算符來做運算。字串型別的資料雖然不能做數學運算，但仍可使用 + 和 * 算符來做特殊用途的操作喔！

♦ 使用「+」可以合併字串

使用 + 算符可以把多個字串合併在一起。請跟著以下輸入單引號包起來的 'thunder' 及 'bolt' 字串，然後中間加上 + 號算符：

Shell

```
>>> 'thunder'_+_'bolt'  ↵
'thunderbolt'
```

注意到了嗎？Python 傳回字串時是用單引號，
因此本書輸入字串時也一樣用單引號

這樣兩個字串就會接起來，成為 'thunderbolt' 這一個字串。

'King'   'Python'   'KingPython'

另外，只有「同為字串型別的資料」可以用 + 合併，若想用 + 合併字串型別和數值型別的資料，就會像下面一樣出現錯誤訊息：

```
>>> 'thunder' + 100 ↵                           只能字串跟字串相連
Traceback (most recent call last):              (concatenate)
  File "<stdin>", line 1, in <module>
TypeError: can only concatenate str (not "int") to str
```

◆ 使用「*」可以重複字串

* 算符用在字串型別時，可以在字串後頭乘上一個「**要讓字串重複幾次**」的數字。例如下面將 'hunter' 這個字串乘上數值型別的 2，就會輸出以下結果：

```
>>> 'hunter' * 2 ↵        'hunter' 這個字被重複兩次，
'hunterhunter'            變成了 'hunterhunter'
```

讀者可以自行用其他字串和數字試試看，不過重申一次，只有字串和數值的組合才能這樣用，否則就會出錯：

```
>>> 'dragon' * 'head' ↵    ←── 字串和字串相乘？
Traceback (most recent call last):            意思就是乘不了！
  File "<stdin>", line 1, in <module>
  TypeError: can't multiply sequence by non-int of type 'str'
```

> ★ 編註 字串只能和數值相乘應該比較不難理解，而把 dragon 和 head 相乘
> 會是什麼結果，別説是程式，就連寫程式的人也無法想像吧 :)

♦ 不區分數值型別和字串型別會怎麼樣？

數字不一定非得是數值型別喔！有時比較適合當作字串型別使用。舉個前面提到過的例子，電話號碼應該視為數值型別還是字串型別比較好呢？

答案是**字串**型別。為什麼呢？因為電話號碼總不會去做加法或減法的運算吧！如果希望把其他字串跟電話號碼接起來時 (編：例如 **'886'** 字串與 **'23963257'** 字串合併)，若沒把電話號碼定義成字串，而是以數值型別傳給 Python，程式就會把兩者拿去算加法，導致出錯或者根本不是您要的結果。此外，像**地址**也是一樣，「某某路 5 號」當中的數字 5 也不太會以數值型別傳給程式，除非有需要用地址中的數字做特殊用途的運算。

總之，為了不讓程式搞錯處理方式，在寫程式時必須讓程式清楚這個資料是什麼型別。另一方面，也只有定義清楚後，才能使用 Python 為各種型別所設計的操作功能。接著我們就來看字串型別能用哪些便利功能。

♦ 字串型別可操作的功能

首先來練習可以把字串中所有英文轉成大寫的 **upper()** 功能：

```
Shell
01 >>> text␣=␣'hello' ↵
02 >>> text.upper() ↵
   'HELLO'
```

程式說明：

● **第 1 行**：把小寫的 'hello' 字串指派給 text 變數。

● **第 2 行**：在 text 後面加上「**.**」再輸入 upper()，**注意！「.」跟 upper() 中間不能空格。** 如此一來，text 變數這個字串就會全部輸出為大寫（**譯註**：這只會改變輸出的結果，原本的 text 一樣還是小寫喔！為此讀者可以執行 text 驗證看看。這涉及執行後是否有**傳回值**的概念，之後會再說明）。如果反過來想讓文字全部輸出成小寫，則使用 **.lower()** 就可以了。

此外，**count()** 這個功能可以計算字串中指定文字的數量，只要在 () 中填入想計算數量的文字。來寫寫看：

```
Shell
01 >>> word␣=␣'maintenance' ↵
02 >>> word.count('n') ↵
   3
```

程式說明：

● **第 1 行**：把 'maintenance' 這個字串指派給 word 變數。

● **第 2 行**：在 word 後面加上「**.**」再接上 **count('n')**，表示要計算字串中有幾個 'n'，程式算出 'maintenance' 中有 3 個 'n'，因此輸出 3。

> ◆編註 以上這些資料型別具備的功能稱為 **method**（中文為**方法**，本書多半
> 會以 method 來稱呼，以免與中文也常出現的「方法」二字混淆）。method 這
> 個名詞對初學者來說稍微可怕了點，我們暫且把它視為某功能就好，之後會再
> 介紹。

邏輯型別

邏輯型別前一節已經出現過了，就是 **True（真）**、**False（假）** 這兩個，它
們又稱為布林（Boolean 或 Bool）型別或布林值，若是第一次聽到這個名稱，
請稍微記一下有個印象。

目前我們看到的邏輯型別都是輸出的結果，之後寫程式時若需要使用，記
得 True 和 False 的**第 1 個字都必須是大寫**。如果第 1 個字 key 成小寫，Python
不會把它當成是邏輯型別：

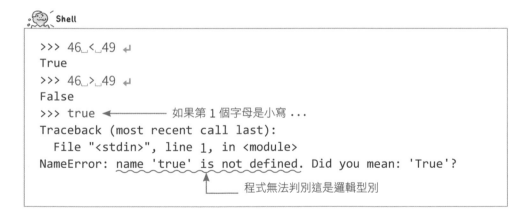

```
>>> 46 < 49 ↵
True
>>> 46 > 49 ↵
False
>>> true ←——————— 如果第 1 個字母是小寫 ...
Traceback (most recent call last):
  File "<stdin>", line 1, in <module>
NameError: name 'true' is not defined. Did you mean: 'True'?
                   └————— 程式無法判別這是邏輯型別
```

串列 (list) 型別

串列型別是和前面所介紹不太一樣的型別，所謂串列就是一「串」資料，
這串資料可長可短，從幾筆到幾百萬筆都可以，各筆資料也可以是不同型
別，算是相當有彈性的資料型別。想建立串列型別，要用**中括號 [ ]** 把所有
資料括起來，各筆資料則用逗號 , 隔開：

[資料A，資料B，資料C，......] ◀─── 串列的語法

```
[57, 'banana', 'apple']
```
數值型別 ──┘　│─── 字串型別 ───│

▲ 例：把數值型別和字串型別彙整起來

建立好的串列資料同樣可以指派給變數。此外，放在串列中的資料只要用 [ ] 索引算符指定第幾筆資料，就能叫出那筆資料，不過請注意資料順序**是從第 0 筆開始 ... 是從第 0 筆開始 .. 是從第 0 筆開始 ..**，從左到右是第 0 筆、第 1 筆、第 2 筆 ...，從 0 起算這一點請好好習慣一下：

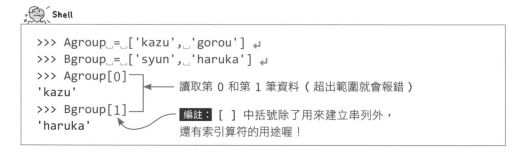

Shell

```
>>> Agroup = ['kazu', 'gorou']  ↵
>>> Bgroup = ['syun', 'haruka']  ↵
>>> Agroup[0]
'kazu'
>>> Bgroup[1]
'haruka'
```
◀─── 讀取第 0 和第 1 筆資料（超出範圍就會報錯）

編註： [ ] 中括號除了用來建立串列外，還有索引算符的用途喔！

串列型別不只能彙整不同型別的資料，同樣具備便利的 method 可以使用，這裡試用幾個熱身看看。

◆ 在串列中加入新元素

串列中各筆資料稱為**元素** (element)，首先試試如何在串列加入新的元素。

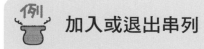

加入或退出串列

串列就像集團一樣，以 Agroup 這個集團為例，一開始是由 kazu 和 gorou 兩個人組成的 2 人組，現在我們來加入新成員 dai，讓他們變三人組：

```
01 >>> Agroup␣=␣['kazu',␣'gorou'] ↵
02 >>> Agroup.append('dai') ↵
03 >>> Agroup ↵
   ['kazu', 'gorou', 'dai']
```

程式說明：

- **第 1 行**：建立含 'kazu' 和 'gorou' 兩個人名的串列後，指派給 Agroup 變數。

- **第 2 行**：之後 'dai' 出現了，要怎麼加入呢？在第 2 行使用 **append()** 這個 method 就可以新增元素到串列內。重申一遍，method 的用法就是像第 2 行程式碼那樣，把變數和 method 用「.」接起來，中間不能有空格。append 的意思是附加，功能就跟它的名字一樣很好記。

- **第 3 行**：執行 Agroup 就可以確認串列的資料，可以發現 'dai' 被新增到 Agroup 最後頭囉！

◆ 從串列中刪除元素

反之，也有從串列中刪除元素的 method，那就是 **remove()**：

```
01 >>> Agroup␣=␣['kazu',␣'gorou',␣'dai'] ↵
02 >>> Agroup.remove('kazu') ↵ ←─── 從這開始執行
03 >>> Agroup ↵
   ['gorou', 'dai']
```

- **第 2 行**：Agroup 三人組剛剛已經建好了，若想把 'kazu' 剔除，就在 remove() 的括號內填入 'kazu'，就能告訴程式想剔除誰。

- **第 3 行**：執行完 remove() 後再查看 Agroup 的內容，就能發現 'kazu' 已不在 Agroup 串列內了。

◆ 改變串列中元素的順序

三人組中的順序能調整嗎？使用 **sort()** 就能輕鬆辦到。讓 'kazu' 再次加進 Agroup，來看看這個 method 要怎麼用吧：

Shell

```
>>> Agroup = ['kazu', 'gorou', 'dai']    ←———— 再組一次三人串列
>>> Agroup.sort()    ←———— 排序看看
>>> Agroup
['dai', 'gorou', 'kazu']
```

這個例子中，串列內放的是字串，因此會照第一個英文字母的順序重新排序 (d... ← g... ← k...)。

換個串列內放的是「**數值**」的例子，看看 sort() 會怎麼排序：

```
>>> test_result = [87, 55, 99, 50, 66, 78]
>>> test_result.sort()
>>> test_result
[50, 55, 66, 78, 87, 99]
```

可以看到數值會**由小到大**排序。請注意，萬一串列中同時有數值和字串，使用 sort() 將會顯示錯誤訊息，因為在比較英文字母和數字時，程式不知道該怎麼排序：

```
>>> mix_list = [85, 'kazu', 'dai', 100]    ◄—— 有數值有字串
>>> mix_list.sort()
Traceback (most recent call last):
  File "<stdin>", line 1, in <module>
  TypeError: '<' not supported between instances of 'str' and 'int'
                └—— 不支援這樣混排
```

字典 (dict) 型別

接著要來介紹**字典**型別。在查字典或辭典時，我們都是依**詞彙**來查看**解釋**，「**詞彙:解釋**」就是一對的，如下圖這樣：

詞彙　　　解釋

蘋果.....蘋果指的是薔薇科蘋果屬的落葉喬木，或是這種喬木的果實……

．
．
．

路由器...電腦網路之間負責轉接的通訊機器……

．
．
．

▲ 辭典

Python 的字典型別也是這種形式，字典內的元素會以「鍵 (key)：值 (value)」的成對方式來儲存，有點自製辭典的概念，每筆資料成對存在就是字典型別的最大特點。

字典型別的寫法就像上面寫的那樣，把**鍵**跟**值**用「:」連接，各筆資料則用「,」隔開，最後用 **{ }** 大括號括住所有資料即可。如下所示：

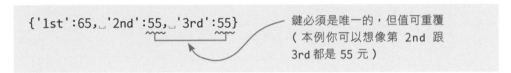

語法

{鍵1:值1, 鍵2:值2, …} ◄── 字典的語法

實際的程式碼會像底下這樣：

{'1st':65, '2nd':55, '3rd':55}　鍵必須是唯一的，但值可重覆（本例你可以想像第 2nd 跟 3rd 都是 55 元）

來試著建立字典型別的資料並使用看看吧。下面以某位參加了許多社團的學生為例，**鍵** (key) 是星期幾，對應的**值** (value) 則是要參加的社團名稱：

Shell

```
>>> activities = {'Monday':'籃球', 'Tuesday':'自行車',
'Wednesday':'熱音', 'Friday':'游泳'} ↵
```

輸入完以上這一串按下 Enter 鍵不會顯示任何東西，不過程式幫我們已經建好字典了。接著就試著以 '星期' 查詢對應的 '社團'。在變數後面用索引算符 **[ ]** 指定 'Tuesday' 或 'Friday' 等鍵，再按下 Enter 就可以「以鍵取值」：

Shell

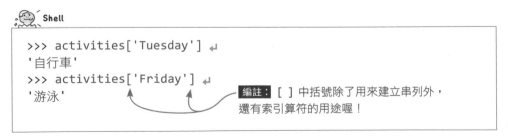

```
>>> activities['Tuesday'] ↵
'自行車'
>>> activities['Friday'] ↵
'游泳'
```

編註：[ ] 中括號除了用來建立串列外，還有索引算符的用途喔！

以上兩行成功輸出了各鍵所對應的值。

◆ 字典型別的常用 method

串列型別有排序、刪除特定元素等 method，字典型別也有幾個專屬的 method。例如在變數名稱後面接上 **.keys()** 就能挑出所有的**鍵**列出來，接上 **.values()** 則可列出所有鍵所對應的**值**：

```
>>> activities.keys() ↵
dict_keys(['Monday','Tuesday','Wednesday','Friday'])
>>> activities.values() ↵
dict_values(['籃球','自行車','熱音','游泳'])
```
Python 在前面提示了所產生的資料是稱為
dict_values 的特殊資料型別

以上介紹的**串列** (list) 跟**字典** (dict) 兩個型別在 Python 的使用頻率比較高，一定要記牢，接著來看相對較少用到的一些型別。

tuple 型別

tuple 可能很多讀者是第一次聽到，可唸為「他剖」，一般譯成**元組**，可能更少人聽過了，因此本書直接以英文稱之。tuple 可以視為和串列 (list) 完全一樣，只除了其中的元素是**不可更改** (immutable) 的 … **不可更改**的 … **不可更改**的 … 這就是 tuple 的最大特點。因此當你不希望值被更動的時候，就是適合使用 tuple 的時機。

想建立 tuple 型別，是用**小括號** ( ) 把所有資料括起來，各筆資料則用，逗號隔開（ **譯註：** 回憶一下做個比較，串列型別是用 [ ] 中括號括起來），tuple 的語法如下：

語法

(元素A，元素B，元素C，......) ◄──── tuple 的語法

◆ tuple 型別的特徵

tuple 就跟串列一樣，可將各種型別的資料彙整成一串：

```
>>> tuple_sample = ('apple', 3, 90.4) ↵
>>> tuple_sample ↵
('apple', 3, 90.4)
```

前面我們已經說到「tuple 內的元素是**不可更改**的」，底下就一邊和串列比較一邊解說來加深印象。底下先建立一個冰淇淋口味的串列，指派給 flavor_list 變數：

```
01 >>> flavor_list = ['薄荷', '巧克力', '草莓', '香草'] ↵
02 >>> flavor_list[0] = '蘭姆葡萄乾' ↵
03 >>> print(flavor_list) ↵
   ['蘭姆葡萄乾', '巧克力', '草莓', '香草']
```

程式說明：

- **第 1 行**：建立含有 4 個元素的 flavor_list 串列。

- **第 2 行**：再用 **[ ]** 索引算符將第 0 個元素 ' 薄荷 ' 置換為 ' 蘭姆葡萄乾 '。

- **第 3 行**：確認串列的內容。

上面做了「更改」串列內容的操作，如果操作的對象變成了 tuple，則會得到以下的錯誤結果：

```
01 >>> flavor_tuple = ('薄荷', '巧克力', '草莓', '香草') ↵ ◄— 建立 tuple
02 >>> flavor_tuple[0] = '蘭姆葡萄乾' ↵ ◄—— 試著置換第 0 個元素
   Traceback (most recent call last):
     File "<stdin>", line 1, in <module>
     TypeError: 'tuple' object does not support item assignment
03 >>> print(flavor_tuple) ↵
   ('薄荷', '巧克力', '草莓', '香草') ◄—— 內容變不了                錯誤
```

程式說明：

- **第 1 行**：一樣，先建立含有 4 個元素的 tuple。

- **第 2 行**：但是要將 ' 薄荷 ' 置換為 ' 蘭姆葡萄乾 ' 時出現了錯誤訊息，訊息寫著「**tuple 型別的物件不支援指派 (assign) 新元素**」。

正因為 tuple 內的元素不可更改，tuple 經常被當作字典的 Key 來使用（串列則不行），因為字典需要很有效率地用 key 來存取資料，Python 就規定不能用可變更的內容做字典的 key。下面就來確認一下（底下會同時用到字典、串列和 tuple，正可做個複習，如果對三種型別還是有點混淆，請隨時回頭複習前面的內容）：

Shell

```
01 >>> diary = {} ↵ ◄──── 建立一個空的字典
02 >>> key = ('kamata', '08-01') ↵ ◄──── 建立一個tuple
03 >>> diary[key] = '70kg' ↵ ◄──── 以 key 變數為「鍵」, '70kg' 為
04 >>> print(diary) ↵                「值」，填入字典做為第 0 個元素
   {('kamata', '08-01'): '70kg'}
```

程式說明：

- **第 1 行**：建立了空的 diary 字典。

- **第 2 行**：建立一串 tuple 型別的資料 ('kamata', '08-01') 並指派給 key 變數。

- **第 3 行**：把 key 變數的資料當作 diary 的**鍵**，並將 '70kg' 這個字串做為對應的**值**來存入字典。

- **第 4 行**：從執行結果來看，資料寫入字典成功！

也換用**串列**做字典的 key 試試：

```
>>> diary␣=␣{}  ↵  ◄──── 建立字典
>>> key␣=␣['nakata',␣'08-01']  ↵  ◄──── 建立串列
>>> diary[key]␣=␣'50kg'  ↵
Traceback (most recent call last):
  File "<stdin>", line 1, in <module>   ◄──── 出錯了！
  TypeError: unhashable type: 'list'
```

果然，第 3 行想把 key 這個串列當作**鍵**寫入字典時出現了錯誤訊息。

★**TIP** 以 tuple 作為字典的 key，優點在於 key 可以是一串資料。以前面的範例來說，就可以使用（名字,日期）來找到某人某天的體重記錄，如以下這樣：

```
>>> diary['kamata',␣'08-03']  ↵
'72kg'
>>> diary['nakata',␣'08-09']  ↵
'58kg'                        ↵
>>> diary['nakata',␣'08-04']  ↵
'53kg'
```

若沒這樣規劃，單只有名字的 key 沒辦法儲存多個日期的體重資料，而單只有日期的 key 也沒辦法儲存多個人的體重資料，都達不到想要的目的。

 ## set (集合)型別

set 和串列 / tuple 相同，也可以彙整多項資料，怎麼又來一個很像的！這麼記好了，串列是「一串依序排列的資料」，而 set 則是「一堆**隨機擺放，沒有固定順序**的資料」。

set 和字典一樣都是使用 **{ }** 大括號括起來，各筆資料一樣用 , 逗號隔開。

```
>>> candy_=_{'delicious',_'fantastic'} ↵   ←——— 建立 set
>>> print(candy) ↵
{'delicious', 'fantastic'}
```

另外，也可以使用 **set()** 這個函式來建立集合，請留意建立好的結果，這個範例可以充分看出 set 的特點：

```
>>> candy_=_set('delicious') ↵   ←——— 利用一個字串來建立新的 set
>>> print(candy) ↵
{'d', 'u', 's', 'l', 'e', 'o', 'c', 'i'}   ←——— 結果長這樣
```

可以看到，把 'delicious' 這個字串傳給 set() 函式後，每個英文字母都會被分割，而順序則跟原本的單字順序不一樣了，因為前面提到集合就是「一堆隨機擺放，沒有固定順序的資料」，此例就把單字拆成「一堆隨機擺放，沒有固定順序的字母」。事實上，由於「**無順序**」的特點，讀者執行後所看到的字母順序也可能跟上面看到的不一樣喔！可能會是 {'c', 'd', 'e', 'i', 'l', 'o', 's', 'u'} 這樣。

再仔細一看，發現 delicious 裡面兩個 i 執行後只剩下 1 個，這是 set 另一個特點：**不會儲存相同的資料，如果加入重複的資料則會被合併。**

★TIP 萬一我希望 set 裡面的元素是字串呢？很簡單，彙整成串列再傳給 set() 函式就行了：

```
01 >>> flavor_=_['apple',_'peach',_'soda'] ↵   ←——— 建立串列
02 >>> candy_=_set(flavor) ↵   ←——— 建立set
03 >>> candy ↵
   {'peach', 'apple', 'soda'}
04 >>> candy.update(['grape']) ↵   ←——— 加入一個串列元素到 set 裡面
05 >>> candy ↵
   {'peach', 'apple', 'grape', 'soda'} ↵
                                          ←——— 加入成功！
```

→ 接下頁

- 第 1 行：把代表三種口味的字串彙整成串列。

- 第 2 行：使用 set() 函式將串列轉換成 set。

- 第 3 行：執行結果可以看到原本用 [ ] 括起來的串列被轉換成 { } 括起來的 set（**但三個字串的順序變了！您操作的結果也可能跟上面不一樣，再次驗證 set「無順序性」**）。

- 第 4 行：用了 **.update()** 這個 method，以 [ ] 的串列形式新增另一個字串到 set 內（新增字串資料時也要使用串列形式這點很重要，否則 'grape' 會被打散成單一字母）。

- 第 5 行：查看 candy 內容時看到 'grape' 元素加入成功，不過 'grape' 的位置我們無法預料會在哪，因為 **set「無順序性」**。

♦ set 用在哪（一）：刪除重覆元素

「**不會儲存相同資料**」是 set 型別的特點之一，現實生活中只要有「想從清單中刪除重複資料」就有機會用上 set。例如：想刪除歌單中重覆的歌，或者刪除收件者列表中重覆的 Email。

之前提到，在 Python 中彙整多項資料時，主要會使用**串列**，而串列型別的資料可能無法一下子知道裡面有沒有重覆的資料，因此想要刪除重覆資料，可以先暫時將串列轉換成 set，轉換後的當下重覆的資料就會被刪除（合併），最後則可再轉換回串列型別。現在就來實際試試看吧。

Shell

```
01 >>> music = ['my_love', 'life', 'life', 'good_time']
02 >>> music_set = set(music)  ←── 把串列轉換成 set
03 >>> print(music_set)  ←── 確認轉換後的內容
   {'good_time', 'my_love', 'life'}  ←── 確認已刪除重複內容
04 >>> music = list(music_set)  ←── 再轉換成串列
05 >>> print(music)
   ['good_time', 'my_love', 'life']  ←── 確認已轉換成串列
```

程式說明：

- **第 1 行**：將有兩個 'life' 的歌曲存入 music 這個串列歌單。

- **第 2 行**：用 **set()** 把 music 轉換成了 music_set 集合。

- **第 3 行**：查看 music_set 時發現裡面已經沒有重複的歌曲了。再仔細一看，轉成 set 後歌曲的順序也不一樣了。

- **第 4 行**：如果想要排序，就得像第 4 行用上 **list()** 函式把 set 轉換成串列。

- **第 5 行**：確認 music 是個串列無誤。

♦ set 用在哪（二）：set 之間的運算

由於 set 是沒有順序的，自然無法用 **[ ]** 索引算符來存取當中的元素，不過 set 可以和其他同為 set 型別的資料做比較，例如確認彼此間有沒有相同的資料 ... 等，就像數學上做交集、連集、差集這樣。來試試以下程式：

Shell

```
01 >>> limited_cd = {'good_day', 'chocolate', 'loyalty'}
02 >>> normal_cd = {'good_day', 'chocolate'}
03 >>> limited_cd - normal_cd
   {'loyalty'}
04 >>> limited_cd & normal_cd
   {'good_day', 'chocolate'}
```

程式說明：

- **第 1～2 行**：分別定義了 limited_cd 和 normal_cd 兩個 set。

- **第 3 行**：把這兩個集合型別「相減」：

```
limited_cd - normal_cd
              ↑
              └──── 用上了 － 算符
```

第 3 行的運算式表示從 limited_cd 當中刪除 normal_cd 也有的資料，也就是刪除 normal_cd 中也有的 'good_day' 和 'chocolate' 這兩個，然後以此為結果來輸出，請注意此操作不會影響兩個 set 原有的資料，而是另外產生新的 set。

- **第 4 行**：改用 **&** 算符將 limited_cd 和 normal_cd 相連：

```
limited_cd_&_normal_cd
```

這行是輸出 limited_cd 和 normal_cd 中相同的資料（就是做交集）。

★TIP 如第 3 ～ 4 行兩個運算式，set 型別可以藉由一些算符的運算來產生新的 set。這次的例子因為兩個 set 內的元素數量不多，用看的也能知道兩個 set 哪些資料一樣、哪些不一樣，不過當碰到需要比對數百、數千甚至更多資料時，這些算符就非常好用了：

符號	功能
A <= B	判斷 B 是否包含 A 的所有元素，輸出為 True / False
A >= B	判斷 A 是否包含 B 的所有元素，輸出為 True / False
A | B	用「A 和 B 的所有元素」建立新的 set
A & B	用「A 和 B 共同的元素」建立新的 set
A - B	用「A 有但 B 沒有的元素」建立新的 set
A ^ B	用「A 和 B 共同元素之外的元素」建立新的 set

▲ set 常用的算符

程式設計的基礎：
流程控制、函式、標準函式庫

本章將帶讀者了解 Python 中控制程式流程的做法，此外也將介紹函式、標準函式庫等重要概念。這一章是程式設計的重要基礎知識，如果能確實掌握，對於自己寫程式來解決問題就跨出一大步了。

3-1

做「如果⋯就⋯」的條件判斷

if 判斷式

到目前為止學到的都是一些平鋪直敘的靜態程式，本小節將教您用 if 語法來做條件判斷，可以控制程式的執行流程，您會看到程式彷復會思考般的「動」起來喔！

 認識條件判斷

條件判斷就是讓程式做「**如果⋯就⋯**」的判斷，讓程式根據不同狀況做不同的處理。我們日常生活就經常根據當下的狀況改變做法，例如底下的例子。

 買哪個甜點好呢？

下班回家途中突然想吃甜食，看到商店架子上有好吃的蛋糕 120 元，原本打算買，但想起身上只帶 100 元，只好默默把蛋糕放回去。接著又看到 80 元的布丁，正想買它的時候，想到中午已經吃過布丁了，最後改買 60 元的優格。

若把這段情境中「思考的事」和「做出的行動」列出來，就會像下圖這樣：

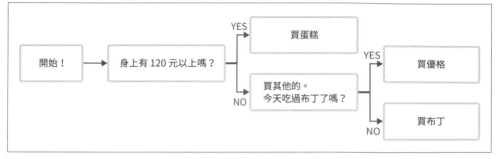

▲ 條件判斷的例子

　整理出思路後，只要使用 if 判斷式，就能照上圖的 YES/NO 對程式下達「**如果 YES 就這樣做**」、「**如果 NO 就那樣做**」的指令，也就是前面提到「如果…就…」的條件判斷。

 條件判斷的語法

　Python 做條件判斷是使用 **if** 關鍵字，語法如下：

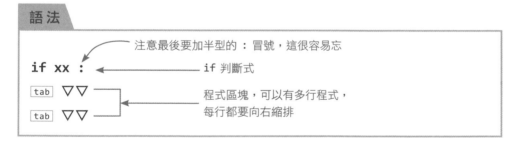

　語法中 [tab] 的地方可以按 1 次 [tab] 鍵向右縮排，或是用空白鍵輸入 **4 個半形空格** 來縮排，兩種方式都可以。除了 if 外，後續還有很多語法也必須在固定的地方加上縮排，這是 Python 的規則。在這個 if 語法中，是希望清楚看出程式區塊跟 if 判斷式是一組的，如果忘了加縮排的話會出錯喔！而其他非程式區塊的內容則「不可縮排」，否則會被誤認為跟 if 判斷式是一組的。

> **★編註** 其實 Python 允許我們用任意數量的空格或 [tab] 來縮排，只要同一區塊中的縮排都一樣就好。不過**強烈建議使用 4 個空格**，這也是官方建議的用法。此外，[tab] 鍵和空格鍵不要混用！依小編經驗在某些開發工具會出錯。

if 判斷式看起來語法不複雜，但初學者在還不習慣拆解問題、進而轉換成程式時，還是容易被判斷式弄得一個頭兩個大，愈想思緒愈亂。為此本書的特色就是放慢學習節奏，會多以一些生活中的例子帶您思考如何把思緒轉化成程式，逐步培養撰寫程式的思維。

賣電影票的判斷 (一)
～電影分級制度 1～

　　就從「電影分級制度」的例子來學條件判斷吧！電影分級是用來限制觀賞的最低年齡，分級制度有好幾級，本例單純一點只看限制級這一級就好，從售票人員的角度來看，遇到 18 歲以上的才可以賣票出去，未滿 18 歲的則不能賣。

　　若將售票人員想像成會自動售票的程式系統，像這種需要判斷的情況就會用到 if 判斷式。把「如果…就…」套用在售票這件事，就是「如果**年齡在 18 歲以上**，就**賣票給他**」：

```
if (18歲以上):
tab 賣票給他
```

接著把中文的地方改用程式寫。首先是「**if (18 歲以上):**」，我們可以先把購票者的年齡設為 age 變數，來跟整數 18 做比較，要做比較的話可以用 2-3 節介紹的比較算符。至於「**賣票給他**」程式區塊，我們就稍微簡化一點，直接用 print(' 賣票給他 ') 輸出一行字來代表賣票的處理。整理一下程式碼如下：

```
if (18 <= age):
tab print('賣票給他')
```

整理好後，接著就到 Spyder 的互動式 Shell 撰寫一段程式試試：

★ **編註** 前兩章中，要加半形空格的地方都有用 ␣ 來表示，從現在開始就不再提示了，請讀者要在書中顯示的字元間隔處自行空一格喔！

👤 Shell

```
>>> age = 29 ↵ ◀── 假設客人的年齡是 29，把數值指派給 age 變數
>>> if (18 <= age): ↵ ◀── if 判斷式，「age 大於等於 18」時執行底下縮排的程式區塊
... tab print('賣票給他') ↵ ◀── 印出 '賣票給他' 這行字
... ↵ ◀── 若下一行沒有要寫程式了，直接按下 Enter 就會執行這個 if 判斷式
賣票給他 ◀── 條件成立，顯示結果
```

★ **編註** 用 Spyder 互動式 Shell 很方便的是，當您在 if (18 <= age): 那一行按下 Enter ，就會自動幫您縮排，不用再手動操作 (不過還是要留意有沒有自動縮排喔)。

再來試一次，這次將客人的年齡設為 15 歲看看：

👤 Shell

```
>>> age = 15 ↵ ◀── 這次把購票客人的年齡設為 15
>>> if (18 <= age): ↵ ◀── 判斷式和前一次相同，看年齡有沒有在 18 歲以上
... tab print('賣票給他') ↵ ◀── 如果 age 在 18 以上，執行 print() 函式
... ↵ ◀── 按 Enter 執行
>>> ◀── 和前一次不同，沒有輸出任何結果
```

程式這次沒有輸出任何訊息。由此可知，當條件符合 18<=age 時，才會執行 if 下一行的程式區塊；不符合 18<=age 時，則會略過程式區塊。這裡的「符合 18<=age」若從程式的說法來看，就是「**當 18<=age 為 True（真）時就執行程式區塊，否則略過程式區塊**」。2-4 節提到的 True / False 布林型別也在這裡參與了程式的運作。

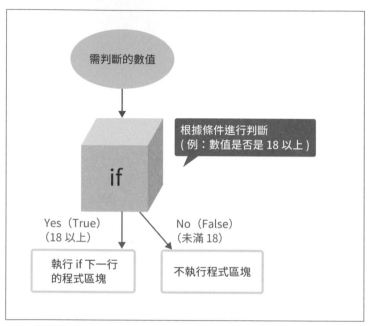

▲ if 的運作機制

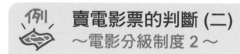 **賣電影票的判斷 (二)**
~電影分級制度 2 ~

前面用 if 判斷式把「賣限制級電影票」的流程寫成了 Python 程式，不過在程式中，當年齡判斷不為**真**時，程式不會輸出任何東西，這樣設計好像怪怪的 ... 這就像未滿 18 歲的客人到售票口，說完想買限制級的票之後，雙方就陷入了沉默卡在那。因此我們再來補強一下，告訴程式「**當不能賣票時該怎麼做**」。

如果想讓 if 多做些事，例如「**如果** ... 就 ... **否則就** ...」，可加上 **else** 關鍵字：

語法

```
if 條件:
 tab  條件為 True 時執行的程式區塊（可以多行）    ←——— [A]
else: ←——— 注意 else 最後也要加 :
 tab  條件為 False 時執行的程式區塊（可以多行）    ←——— [B]
```

當條件為 True 時會執行 [A] 程式區塊；當條件為 False 時則會跳過 [A]，去執行 [B] 程式區塊（即條件為 True 時 [B] 就不會被執行）。

我們重新撰寫一遍加上 else: 的程式，這裡將 age 設成 15 歲：

Shell

```
>>> age = 15 ↵
>>> if (18 <= age): ↵
...  tab  print('賣票給他') ↵    ←——— 若判斷為 True，執行這一行程式
... else: ↵
...  tab  print('不賣票給他') ↵    ←——— 若判斷為 False，執行這一行程式
... ↵
不賣票給他  ←——— 執行結果
```

★ 編註 再次提醒，只有程式區塊的地方要縮排喔！如果 if 底下那一行輸入完按下 Enter 後，Spyder 會繼續幫我們縮排，但那一行的 else: 是不能縮排的，請記得刪除空格後再輸入 else:。

上面的程式中，由於 if 判斷式的結果為 False，所以程式直接執行了 else: 底下的程式區塊。

前面我們以 18 歲為界做出不同的售票處理，如果想納入更多的判斷，例如「告知 60 歲以上的客人可以買敬老票」，可再加上**否則如果**的 **elif** 關鍵字。elif 可以在原本的 if 判斷句「如果…就…」之外，加上多個「否則如果 2…就…」、「否則如果 3…就…」、…的判斷。

語法

```
if  條件 1：
tab 條件 1 為 True 時執行的程式區塊 ←———— [A]
elif 條件 2：
tab 條件 2 為 True 時執行的程式區塊 ←———— [B]
else：
tab 條件 1 和 2 都 False 時執行的程式區塊 ←———— [C]
```

如果條件 1 為 True，就為執行 [A]；否則，如果條件 2 為 True 就執行 [B]；最後，如果條件 1 和條件 2 都為 False 就執行 [C]。

按照上面的語法，增加販售敬老票機制的程式如下，假設我們設定 **age = 70**：

Shell

```
01 >>> age = 70 ↵
02 >>> if (60 <= age)： ↵
03 ... tab print ('票價為 200 元') ↵
04 ... elif (18 <= age)： ↵
05 ... tab print ('票價為 400 元') ↵
06 ... else： ↵
07 ... tab print ('不賣票') ↵
08 ... ↵
   票價為 200 元 ←———— 輸出結果
```

讀者可隨意改變 age 的數值，先想一下結果是什麼，再跟執行結果比對看看，有助於加深理解。底下整理各種情況的程式執行流程供您參考：

- **當 age 在 60 以上**：用**第 2 行**來確認 age 是否在 60 以上，此情況為 True，就輸出**第 3 行**的 ' 票價為 200 元 '，結束 if 判斷式。

- **當 age 介於 18 ～ 60 (不含)**：**第 2 行**為 False，所以不會執行**第 3 行**，繼續跳到**第 4 行**確認 elif 的條件，此情況為 Ture，就輸出**第 5 行**的 ' 票價為 400 元 '，結束 if 判斷式。

- **當 age 小於 18**：**第 2 行**為 False，所以不會執行**第 3 行**，繼續跳到**第 4 行**確認 elif 的條件，此情況為 False，就再跳到**第 6 行**的 else，最後輸出 ' 不賣票 '，結束 if 判斷式。

> **★編註** 若一時會把 else if 跟 else 搞混，記法很簡單，elif 可以有多個 (在中間)，else 則只會有一個 (在最後)。例如想設計「大學生優惠、國高中生優惠、孩童優惠…」等多個判斷時，就是用 elif 一個個寫啦！

◆ 補充：撰寫 if 條件式時要多下工夫

前一頁的範例雖然看似已經滿足各種情況，但其實藏了一個小小的缺點：**第 2、3 行**做的是「如果 60 歲以上就…」的處理，**第 4、5 行**做的是「如果 18 歲以上就…」的處理，如果把這兩組程式對調來寫會發生什麼事呢？

別說這不可能發生喔！目前您是順著書中一步步來寫沒這問題，但萬一這一題是要您自行思考，或許會先想到「18 歲以上就…」，然後才是「如果 60 歲以上就…」的條件，恩，兩個條件都顧到了，就開始寫程式：

Shell

```
>>> age = 70 ↵      ←── 假設這次的客人是 70 歲
... if (18 <= age): ↵      ←── 先判斷是否在 18 歲以上
... tab print ('票價為 400 元') ↵
... elif (60 <= age): ↵      ←── 再判斷是否在 60 歲以上
... tab print ('票價為 200 元') ↵
... else: ↵
... tab print ('不賣票') ↵
... ↵
票價為 400 元      ←── 呃...輸出跟我們想的不太一樣
```

發現問題了嗎？ age = 70 照理是要輸出 '票價為 200 元' 才對，卻因為**條件的「撰寫順序」不對**，沒顧慮到 70 歲也同時符合「18 歲以上就…」的判斷，當程式從上往下執行到開頭的 if(18<=age) 時，就判定為 True 而輸出 '票價為 400 元'，後面都沒判斷到，得到與預期不符的結果。

本例只要把 if 跟 else if 的判斷式及程式區塊對調回來，就可以得到正確的結果。但如果能**在判斷式上多下點功夫**，即使一時沒留意到判斷式的撰寫順序也不會出問題。

怎麼下工夫做修改呢？在撰寫多種「數值比較」的條件判斷時，可以簡單繪製如下的示意圖來幫助思考：

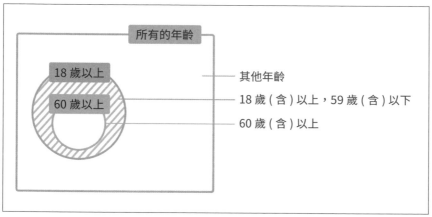

▲ 用示意圖來協助擬判斷式

一畫圖就清楚了！前面有個重要的判斷條件沒指定清楚，就是上圖斜線區**「18 歲 (含) 以上，59 歲 (含) 以下」**這個條件，以此條件去寫程式就會是：

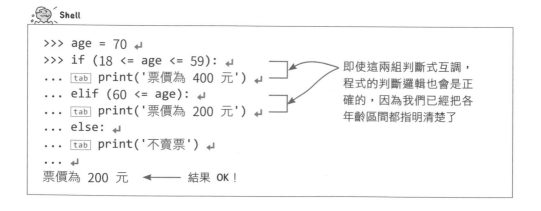

```
>>> age = 70
>>> if (18 <= age <= 59):
... [tab] print('票價為 400 元')
... elif (60 <= age):
... [tab] print('票價為 200 元')
... else:
... [tab] print('不賣票')
...
票價為 200 元     ← 結果 OK！
```

即使這兩組判斷式互調，程式的判斷邏輯也會是正確的，因為我們已經把各年齡區間都指明清楚了

◆ 小編補充　找判斷式 bug 找到頭腦打結？
交給 ChatGPT 幫忙吧！

　　如同上面的例子，當我們需要程式根據許多條件來進行不同處理時，可能因為沒有考慮到程式處理順序，或者判斷條件擬的不夠精確，導致結果不是我們要的，這種「**語法正確、但邏輯錯誤**」的程式往往是最難修正的！初學還不熟時，可以再度呼喚 ChatGPT 來幫我們除錯並產生正確的程式：

Q

以下 python 程式輸出 ' 票價為 400 元 ' 不是我要的，我希望：　←── 一五一十
描述情況
1. 18 歲以下不賣票
2. 介於 18 ～ 60 (不含) 賣 400 元　　　←── 這是我們的需求
3. 超過 60 歲 賣 200 元
請給我修正後的程式

```python
age=70
if (18<=age):
    print (' 票價為 400 元 ')
elif (60<=age):
    print (' 票價為 200 元 ')
else:
    print (' 不賣票 ')
```

←── 貼上錯誤的程式給 ChatGPT

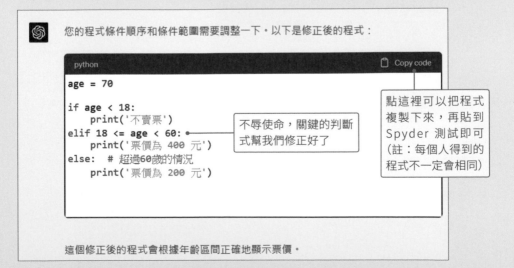

您的程式條件順序和條件範圍需要調整一下。以下是修正後的程式：

```python
age = 70

if age < 18:
    print('不賣票')
elif 18 <= age < 60:
    print('票價為 400 元')
else:   # 超過60歲的情況
    print('票價為 200 元')
```

不辱使命，關鍵的判斷式幫我們修正好了

點這裡可以把程式複製下來，再貼到 Spyder 測試即可（註：每個人得到的程式不一定會相同）

這個修正後的程式會根據年齡區間正確地顯示票價。

不過依經驗，ChatGPT 有時候會大幅調整您的程式，為了避免改到您認不得，也可以跟 ChatGPT 溝通好規則：

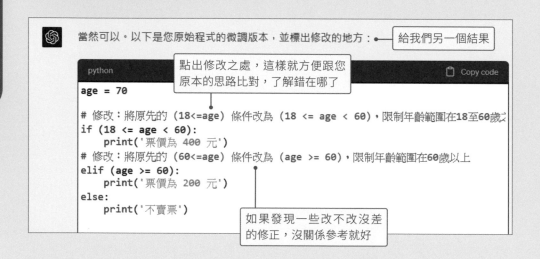

Q

修改時能否微調我的程式就好，並指出你改了什麼地方 ● ── 繼續溝通

當然可以。以下是您原始程式的微調版本，並標出修改的地方： ● ── 給我們另一個結果

點出修改之處，這樣就方便跟您原本的思路比對，了解錯在哪了

```python
age = 70

# 修改：將原先的 (18<=age) 條件改為 (18 <= age < 60)，限制年齡範圍在18至60歲之
if (18 <= age < 60):
    print('票價為 400 元')
# 修改：將原先的 (60<=age) 條件改為 (age >= 60)，限制年齡範圍在60歲以上
elif (age >= 60):
    print('票價為 200 元')
else:
    print('不賣票')
```

如果發現一些改不改沒差的修正，沒關係參考就好

賣電影票的判斷 (四)
～看滿 5 次電影有優惠～

來看 if 判斷式最後一個範例吧！假設電影院有集點的優惠活動，例如「**使用集點卡在電影院看超過 5 部電影，就能用 200 元買一張優惠票**」。我們先把優惠票的條件列出來：

- 客人有出示集點卡

- 集點卡已累積超過 5 部電影

接下來就用這 2 個條件來寫「判斷客人能否買優惠票」的程式。

◆ 做法 1：多層的 if 判斷式

由於這兩個條件息息相關，似乎無法用 if、elif 分開來寫，這些教您用「**多層（或巢狀）的 if**」，也就是在某個 if 的程式區塊內再放 if 做更多的判斷。請注意，如此一來內層 if 的程式區塊就要用更深的縮排，建議使用 4 的倍數來縮排，例如內層 if 前面空 4 格的話、內層 if 的程式區塊就空 8 格 ...：

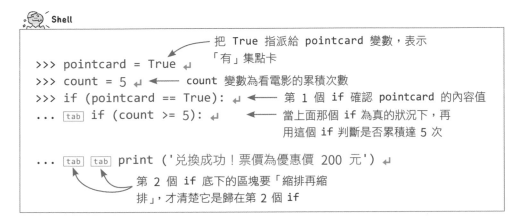

```
Shell
                                    把 True 指派給 pointcard 變數，表示
                                    「有」集點卡
>>> pointcard = True ↵
>>> count = 5 ↵  ◄─── count 變數為看電影的累積次數
>>> if (pointcard == True): ↵  ◄─── 第 1 個 if 確認 pointcard 的內容值
... [tab] if (count >= 5): ↵      ◄─── 當上面那個 if 為真的狀況下，再
                                         用這個 if 判斷是否累積達 5 次

... [tab] [tab] print ('兌換成功！票價為優惠價 200 元') ↵

              第 2 個 if 底下的區塊要「縮排再縮
              排」，才清楚它是歸在第 2 個 if
```

> **★編註** if 的層數最好有所節制，太多層程式會不太好閱讀，最好不要超過 3 層 (3 個 if)，如果還不夠用時，應該試著在條件上下功夫，好好思考是不是有必要疊這麼多層。

◆ 做法 2：用 and 算符來合併條件

如果覺得多層 if 的寫法有點複雜，也可以用「條件 A 成立，**且**條件 B 也成立」的合併判斷寫法，只要用 1 個 if 就可以完成多重判斷。在 Python 中可以用 **and** 這個邏輯算符來做條件的合併，and 主要是針對 True / False 布林值做運算。直接來寫寫看吧：

```
Shell
01 >>> pointcard = True ↵ ┐
                          ├── 這裡不變
02 >>> count = 5 ↵        ┘
03 >>> if ((pointcard == True) and (count >= 5)): ↵
... [tab] print('兌換成功！票價為優惠價 200 元') ↵
... ↵
兌換成功！票價為優惠價 200 元
```

用 and 把兩個判斷串起來，這行就相當於判斷「有集點卡」and「累積超過 5 部」

★小編補充 看的懂前面第 3 行 if 判斷式所做的事嗎？若不太熟，拆解做法 2 的逐行程式來執行看看就清楚了。讀者可跟著執行以下程式：

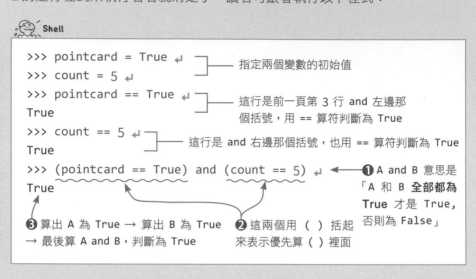

由此看來，前一頁第 3 行那一長串 if 判斷式 **if ((pointcard == True) and (count >= 5)):** 其實就是「**if True:**」的意思，條件為真，因此第 3 行才會輸出 print(' 兌換成功！票價為優惠價 200 元 ')。

萬一 and 左右的條件有一項為 False，if 那一行判斷式就會得到 False 的結果，也就不會輸出任何東西了 (因為做法 2 沒有指定 else: 的情況下要執行什麼)。

 ## 賣電影票的判斷 (總整理)
～年齡限制、各種優惠的完整程式～

看完前面 4 個範例後，應該漸漸熟悉 if 判斷式的用法了吧！最後我們把前面練習過的條件統整起來，完成整個電影售票的運作機制。若想學習下一個主題，也可以略過這裡繼續閱讀下一節，之後可以隨時回來挑戰。

先整理程式的需求：

① 未滿 18 歲不能觀賞此部電影。

② 18 歲以上、59 歲以下客人的票價為 400 元。

3 60 歲以上客人的票價為 200 元。

4 有出示集點卡，而且累積看超過 5 部電影的客人，可以買優惠票 200 元。

讀者可先自己試看看，程式的寫法絕對不只一種，底下提供幾個寫法供您參考。

◆ 寫法 1

```
age = 35
pointcard = True
count = 5
if (a < 18):
tab print('不賣票')                                         ── 不賣票的情況
elif (60 <= age):
tab print('票價為 200 元')                                  ── 60 歲以上
elif ((pointcard == True) and(count >= 5)):
tab print('票價為 200 元')                                  ── 有集點優惠價的人
else:
tab print('票價為 400 元')                                  ── 其他
```

這個寫法的 if 判斷式跟前面相比做了一點修改，巧思在於這次一開始就先寫「**不賣票給未滿 18 歲的人**」，這樣考量是因為電影是限制級，就算客人符合優惠資格也無法購票；若沒這樣寫，有可能不小心賣票給「未滿 18 歲，但是有優惠資格」的人。至於其他的就用 elif 分別列出各種票價情況。

◆ 寫法 2

```
age = 35
pointcard = True
count = 5
if (age < 18):
tab print('不賣票')
elif ((60 <= age) or((pointcard == True) and(count >= 5))):   ◀
tab print('票價為 200 元')
else:                                                          關鍵是這一行
tab print('票價為 400 元')
```

寫法 2 是寫法 1 的精簡版。由於「60 歲以上」和「有集點優惠價」的票價都是 200 元，讀者是否有注意到寫法 1 寫了兩次 **print(' 票價為 200 元 ')** 的程式，因此寫法 2 在條件上下一點工夫，將兩段併了起來，如此可以少用 1 個 elif 區塊。

　　怎麼併呢？回憶一下「有集點優惠價」是前面用 and 合併「有集點卡」及「累積 5 部」所產生的。那麼「60 歲以上」和「有集點優惠價」能繼續用 and 來合併嗎？答案是不行！好不容易「有集點優惠價」，如果因為一定要「60 歲以上」才能用，鐵定會被客訴吧！像這樣「**兩種條件只要符合一個即可**」的情況應該要改用 **or** 這個邏輯算符。A or B 的結果是「**A 和 B 有一個為真就是真，否則為假**」。

　　寫法 2 關鍵那一行 elif 就加入了 or 算符，能看懂嗎？其實就是底下的結構：

> (條件A or (條件B and 條件C))

> **★編註** 這裡的括號用法就像 (5 × (3 + 2)) 這樣，程式會先算「條件 B and 條件 C」的結果，再算「條件 A or 這個結果」。

ChatGPT 萬能程式顧問

★小編補充 摸索不出來？提供需求，請 ChatGPT 生成程式！

　　前面作者提供了兩個寫法，若您對於憑空自己寫出來還是不太熟悉，很多過來人都會教說先用中文把需求描述出來，梳理好思路再慢慢轉化成程式。以往是這樣沒錯，但現在有更快的方法！如果已經用中文描述出來，就可以試著丟給 ChatGPT 幫忙寫出一個範本程式，若生成的程式不太符合需求，也可以在交談過程中一步步修改成您要的程式。

Q

幫我寫一段 python 程式,功能如下:

1. 未滿 18 歲不能觀賞此部電影
2. 18 歲以上、59 歲以下客人的票價為 400 元
3. 60 歲以上客人的票價為 200 元
4. 身上帶著集點卡,而且已經累積看過 5 部電影的客人,票價為 200 元

將剛才整理的需
求列給 ChatGPT

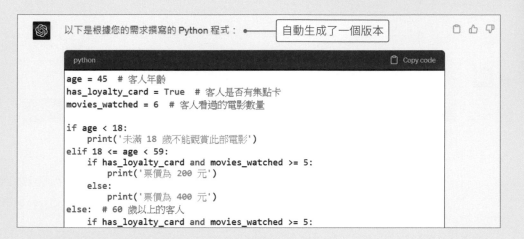

以下是根據您的需求撰寫的 Python 程式:——— 自動生成了一個版本

```python
age = 45  # 客人年齡
has_loyalty_card = True  # 客人是否有集點卡
movies_watched = 6  # 客人看過的電影數量

if age < 18:
    print('未滿 18 歲不能觀賞此部電影')
elif 18 <= age < 59:
    if has_loyalty_card and movies_watched >= 5:
        print('票價為 200 元')
    else:
        print('票價為 400 元')
else:  # 60 歲以上的客人
    if has_loyalty_card and movies_watched >= 5:
```

▼ 完整程式如下

```python
age = 45  # 客人年齡
has_loyalty_card = True  # 客人是否有集點卡
movies_watched = 6  # 客人看過的電影數量

if age < 18:
    print('未滿 18 歲不能觀賞此部電影')
elif 18 <= age < 59:
    if has_loyalty_card and movies_watched >= 5:
        print('票價為 200 元')
    else:
        print('票價為 400 元')
else:  # 60 歲以上的客人
    if has_loyalty_card and movies_watched >= 5:
        print('票價為 200 元')
    else:
        print('票價為 200 元')  # 60歲以上都是 200 元,無論是否有集點卡
```

請注意！ ChatGPT 幫我們所生成的程式每次都會不一樣，更重要的是，可不能 100% 相信 ChatGPT 所生成的程式，若真要用，一定要將程式複製下來詳加測試。

此外，上圖這個例子您也看到了，ChatGPT 用了多層的 elif 結構，比我們前面寫的更複雜，這是小事，可以試著繼續與 ChatGPT 溝通：

Q

程式有點長，請試著精簡，試著在 10 行完成

以下是嘗試簡化程式碼至 **10** 行的版本：

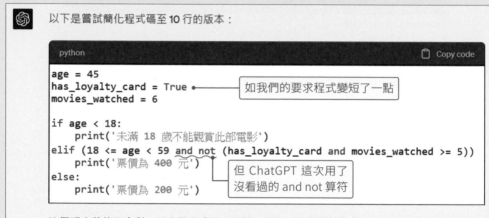

```python
age = 45
has_loyalty_card = True          ← 如我們的要求程式變短了一點
movies_watched = 6

if age < 18:
    print('未滿 18 歲不能觀賞此部電影')
elif (18 <= age < 59 and not (has_loyalty_card and movies_watched >= 5))
    print('票價為 400 元')        但 ChatGPT 這次用了
else:                            沒看過的 and not 算符
    print('票價為 200 元')
```

這個版本將條件合併，減少了程式碼的行數。但是，為了簡化程式碼，可讀性可能稍微降低了。在這個版本中，`elif` 條件將涵蓋 18 至 59 歲之間沒有集點卡或累積觀影次數未滿 5 次

▼ 完整程式如下

```
age = 45
has_loyalty_card = True
movies_watched = 6

if age < 18:
    print('未滿 18 歲不能觀賞此部電影')
elif (18 <= age < 59 and not (has_loyalty_card and movies_watched
        >= 5)) or (age >= 59 and not has_loyalty_card):
    print('票價為 400 元')
else:
    print('票價為 200 元')
```

看到了吧！用 ChatGPT 我們其實可以生成 N 個版本 (精簡版、10 行版、20 行版…)，雖然很棒，但我們一再重申**請先紮穩基礎再用 ChatGPT**，否則 ChatGPT 給的程式錯了，您也看不出來，可能也無法提供 ChatGPT 修改方向。當然，ChatGPT 給的程式絕對有可能超出您當下所會的語法，當看不懂時也可以試著溝通，例如：

Q

不要在程式裡面用 and not 算符

Q

不要在程式裡面用巢狀的寫法，再給我一個版本

總之，遇到什麼困難，試著跟 ChatGPT 助教反應就對了！

 ## 小結

本節以多個例子一步步介紹 if 判斷式的用法，基本上現實生活的程式系統多半都會用到條件判斷，當遇到下圖這樣的真實售票系統時，不妨多思考當中用了什麼樣的條件判斷，這是很不錯的訓練喔！

請選擇電影票別

已選擇　0/6 張				全部清除	
一般 General	400 元	枚	孩童 Child（3 & up）	220 元	枚
大學生 Student（College）	300 元	枚	敬老票 Senior	200 元	枚
高中生 Student（Hight）	280 元	枚	合購優惠 Marriage 50 Discount	350 元	枚
國中／小學生 Studio（Jr.High,Elementary) 250 元		枚			

◀ 返回

① 選擇上映場次 ▷ ② 選擇觀賞人數 ▷ ③ 選擇座位 ▷ ④ 選擇票別 ▷ ⑤ 付款

▲ 電影票販售系統的畫面

3-2

重複執行相同的動作

for 迴圈、while 迴圈

本節將介紹流程控制另一個重要的**迴圈**概念，迴圈簡單說就是除非達到我們設定的停止條件，否則就一直**重複執行**。像是一首歌不斷重複一直播放，工作中不斷重複做相同的事 ... 這些都帶有迴圈的概念喔！

 認識迴圈

很多初學者學到迴圈可能就開始卡住，因此我們不像其他書一下子就端出迴圈語法，先用一個簡單的例子來練習將想要執行的處理拆解成細部動作，再看如何用迴圈重覆執行這些細部動作。

 看機器人搭檔如何做事

在園遊會上，班上決定要擺個熱狗麵包的攤位，若拆解做熱狗麵包的動作，會是像底下這樣：

1. 把麵包加熱。

2. 把熱狗煎熟。

3. 把熱狗夾進麵包裡。

4. 淋上番茄醬和芥末醬。

假設我們請了一個機器人來負責製作熱狗麵包，目前熱狗麵包攤是這樣運作的：

① 接受客人點餐，收錢

② 告訴機器人熱狗麵包的做法（照以下 4 個步驟）

    1. 把麵包加熱

    2. 把熱狗煎熟

    3. 把熱狗夾進麵包裡

    4. 淋上番茄醬和芥末醬

③ 把做好的熱狗麵包交給客人

不過目前這個機器人不是太聰明，每做完一次熱狗麵包就會停止，我們必須重新下令執行 **1~4** 個動作它才會開始做下一個，萬一有客人一次點了 10 份熱狗麵包，流程就會是：

① 接受客人點餐，收錢

② 告訴機器人熱狗麵包的做法（**第 1 個**）

    1. 把麵包加熱

    2. 把熱狗煎熟

3. 把熱狗夾進麵包裡

4. 淋上番茄醬和芥末醬

③ 告訴機器人熱狗麵包的做法（**第 2 個**）

1. 把麵包加熱

2. 把熱狗煎熟

3. 把熱狗夾進麵包裡

4. 淋上番茄醬和芥末醬

④ 告訴機器人熱狗麵包的做法（**第 3 個**）

…

…（才第 3 份 …）

…

⑤ 10 份都做完後，把做好的熱狗麵包交給客人

　　雖然有機器人幫忙做還是好累喔！「**至少要 1 次做完 1 位客人點的份吧！**」，這時就可以替機器人的程式加上**迴圈**功能。以迴圈來處理的話，上面那一長串流程就可以簡化成：

① 接受客人點餐，收取金額

② **告訴機器人重複以下的處理 10 次**

　　熱狗麵包的做法

　　1. 把麵包加熱

　　2. 把熱狗煎熟

　　3. 把熱狗夾進麵包裡

　　4. 淋上番茄醬和芥末醬

這一區就是迴圈啦！

③ 把做好的 10 個熱狗麵包交給客人

　　接著就來看 Python 的迴圈怎麼寫，有 **for 迴圈**跟 **while 迴圈**這兩種可以用。

 **for 迴圈的用法 1**

for 迴圈最常見的就是跟 **range()** 函式一起使用，語法如下：

語法

```
for 變數 in range(重複次數):    ←—— 注意最後要加 :
tab  想重複執行的程式 1
tab  想重複執行的程式 2
  ·
  ·
  ·
```

直接在 Spyder 的互動式 Shell 試一段程式吧。先試試重複執行 3 次程式：

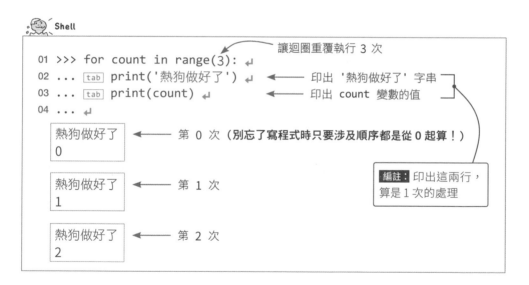

執行後，程式輸出了 3 次「**'熱狗做好了'** 字串 + count 變數所綁定的數字」。每次都會輸出 **'熱狗做好了'** 字串不難理解，但為什麼會依序印出 0、1、2 呢？底下就來解說。

這段程式關鍵的地方在**第 1 行**：

命名一個 count 變數（要命名成 a、b…都行），
此例是用來記錄目前正執行第幾次迴圈

```
for count in range(3):
```

在 range() 的括號中填入 3，代表重複執行 3 次
（ 編註: 次數是第 0 次、第 1 次、第 2 次，從 0 起算 ）

★ 小編補充 要理解為什麼執行迴圈後會依序印出 0、1、2，就要先理解 range() 的用途，range(3) 看起來很直覺，希望迴圈重複多少次就輸入多少值，但其實 range() 的用法如下：

——讀取出來的動作就稱為**走訪**

● **range(n)：走訪由 0 到 n-1 的連續整數**

例：range(3) 會走訪 0 ～ 2 這幾個連續整數

例：range(10) 會走訪 0 ～ 9 這幾個連續整數

● **range(m, n)：走訪由 m 到 n-1 的連續整數**

例：range(1, 9) 會走訪 1 ～ 8 這幾個連續整數

例：range(2, 6) 會走訪 2 ～ 5 這幾個連續整數

前一頁第 1 行程式中的 range(3) 其實就等於 range(0, 3)，表示依序走訪 0 ～ 2 這 3 個整數，而 **for count in range(3):** 的寫法，就是每走訪一個時，就把該次走訪的整數指派給 count 變數。所以前面的執行結果才會是：

● 走訪整數 0 時（第 0 次），印出 count 值為 0

● 走訪整數 1 時（第 1 次），印出 count 值為 1

● 走訪整數 2 時（第 2 次），印出 count 值為 2

★編註 由以上也可以知道，for 迴圈為什麼要用 for 這個單字呢？其實就接近「for each one」的意思 (為每個成員做某件事，有些程式語言的迴圈就是 For Each)。而 Python 的「for x in y」就是在每一迴圈開始時，都從 y 中取出一個元素來交給 x，然後執行迴圈中的動作。

for 迴圈的用法 2：走訪資料的每個元素

for...in... 語法中，in 後面不是非得接 range() 不可，也可以**放字串、list、tuple ... 等各種型別的資料**，執行每一迴圈時，就會從該資料中取出一個元素，然後執行迴圈中的處理：

語法

for 變數 in 各型別的資料：
[tab] **變數所參與執行的程式區塊**

♦ 用 for 走訪字串

這裡舉幾個例子來說明，首先看 in 後面擺上**字串**型別的資料：

Shell

```
01 >>> word = 'ninja' ↵
02 >>> for chara in word: ↵      ◀──── 走訪 word 字串
   ... [tab] print(chara) ↵      ◀──── 每一迴圈做的處理是「走訪到誰就印出誰」
   ... ↵
   n      ◀──── 走訪到 'n' 印出 'n'
   i      ◀──── 走訪到 'i' 印出 'i'
   n            :
   j
   a      ◀──── 走訪到 'a' 印出 'a'
```

- **第 1 行**：把 'ninja' 字串指派給 **word** 變數。

- **第 2 行**：一個字串的元素就是各字元，因此使用 for 後，word 字串的每個字元會依序被指派給前頭所設定的 **chara** 變數，並依照字元的數量 n，重複執行 n 次我們要它做的處理。本例 'ninja' 有 5 個字元，所以就重複執行 5 次 print() 程式。

♦ 用 for 走訪串列 (list)

也可以將**串列**型別 (2-4 節) 的資料傳給 for，針對串列中的每個元素分別執行相同的處理。底下建立一個串列型別的音樂清單，然後用迴圈逐一印出串列中的各個元素：

```
Shell
01 >>> music_list = ['DEATH METAL', 'ROCK', 'ANIME', 'POP'] ↵
02 >>> for music in music_list: ↵   ◄──── 走訪串列
   ... tab print('now playing... ' + music) ↵
   ... ↵
   now playing... DEATH METAL        印出串列每一元素時，
   now playing... ROCK               都在前面加上此字串
   now playing... ANIME
   now playing... POP
```

程式說明：

- **第 1 行**：建立一個內含 4 個字串元素的串列，指派給 music_list 變數。

- **第 2 行**：for 會在每一迴圈開始時，依序將 music_list 中的字串指派給 music 變數。

- **第 3 行**：印出 music 的內容，並固定在 music 前面加上 'now playing...' 字串。

♦ 用 for 走訪字典

最後改用迴圈走訪一個**字典 (dict)**，看程式會怎麼處理：

```
Shell
01 >>> menu = {'拉麵':300, '炒飯':120, '煎餃':80} ↵
02 >>> for order in menu: ↵          ◀──── 走訪字典
03 ... [tab] print(order) ↵          ◀────         須留意走訪字典時，存入
04 ... [tab] print(menu[order] * 1.10) ↵          order 的是什麼呢？
    ... ↵                                          (見底下說明)
拉麵
330.0
炒飯
132.0
煎餃
88.0
```

程式說明：

● **第 1 行**：menu 這個字典存放了 3 組「**餐點名稱：價錢**」。

● **第 2 行**：用迴圈走訪 menu，把每一迴圈要處理的資料綁定給 order 變數。

● **第 3 行**：要特別注意的是，存入 order 變數的資料是什麼呢？答案是**只有 key（鍵），沒有 value（值）**，所以第 3 行 print(order) 只會印出餐點名稱 (key)。

● **第 4 行**：為了在每一迴圈時印出餐點的價格，使用了 **[ ]** 索引算符。這裡用 **menu[order]** 即可「**以 order 這個餐點（鍵）來查對應的價格（值）**」。在本例中，我們額外將每一迴圈取得的餐點價格乘上 1.10，算出含服務費的各餐點總價。

while 迴圈

迴圈處理功能除了 for 之外，還能使用 **while** 關鍵字，while 迴圈可在「某條件成立」的期間不斷重複執行，語法如下：

語法

```
While (條件式):
[tab] 要重覆執行的程式區塊
```

看起來寫法比 for 稍微簡單一點，我們試試底下的程式：

```
Shell

01 >>> counter = 0 ↵
02 >>> while (counter < 5): ↵
03 ... [tab] print(counter) ↵
04 ... [tab] counter = counter + 1 ↵
   ... ↵
   0
   1
   2
   3
   4
```

程式說明：

- **第 1 行**：先定義 counter 變數，綁定一個初始值 0。

- **第 2 行**：使用 while，並在後方的括號中寫下條件式：

```
while (counter < 5):
```

　　這個條件式和 3-1 節介紹過的條件式一樣，只要條件為真 (True)，while 迴圈就會重複執行底下縮排的程式區塊。以這段程式來說，在 **counter 小於 5** 的情況，它就會重複執行程式區塊。

- **第 3～4 行**：這裡的程式區塊做什麼事呢？首先**第 3 行**印出目前 count 的值，而**第 4 行**是在跑一次迴圈時，將 counter 加 1。

★小編補充 如此一來這個 while 迴圈的運作就是：

- 跑第 0 次，印出 count 值 0，count 加 1（變成 1）
- 跑第 1 次，印出 count 值 1，count 加 1（變成 2）
- …（略）
- 跑第 4 次，印出 count 值 4，count 加 1（變成 5）
- 跑第 5 次，count < 5 的條件不成立，停止迴圈。

無窮迴圈

　　講到這裡，或許有讀者會注意到如果前頁第 4 行沒有寫 counter = counter + 1，迴圈是否就會無止境地執行？沒錯！這種情況稱為「**無窮迴圈**」。寫程式通常必須盡量避免無窮迴圈的發生，嚴重的話可能會耗光電腦的效能。不過，萬一不小心陷入無窮迴圈也不用擔心，只要按下鍵盤的 Ctrl + C 鍵就可以強制中斷。光看用的沒什麼感覺，來執行以下程式體驗無窮迴圈吧！一般遇到時都會很緊張，但別怕！我們已經學會如何中斷。

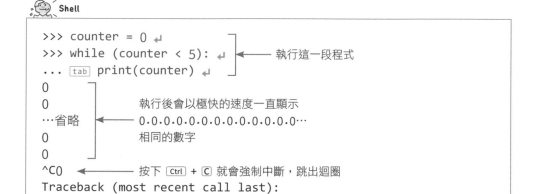

 ★ **小編補充** **避免無窮迴圈，**
使用 ChatGPT 來除錯

　　碰到無窮迴圈往往會讓初學者十分緊張，如果之後程式有一長串，要找出無窮迴圈的源頭可能不是件容易的事，此時可以用 ChatGPT 幫忙除錯，應該一眼就會看出問題，並提供修正的程式：

ChatGPT 萬能程式顧問

Q

請幫我把底下的無窮迴圈修掉 ◄─────── 描述情況

```
counter = 0
while (counter <5):
    print (counter)
```
◄─────── 提供錯誤的程式給 ChatGPT

ChatGPT 說明無窮迴圈的原因

在你的程式碼中，雖然 `counter` 是小於 5，但在迴圈內你並沒有增加 `counter` 的值，所以 `counter` 永遠都會是 0，這導致了無窮迴圈。

你需要在迴圈內部增加 `counter` 的值，這樣當 `counter` 的值達到 5 或超過 5 時，迴圈就會停止。以下是修正後的程式碼：

```python
counter = 0
while (counter < 5):
    print(counter)
    counter += 1
```

在這個修改後的程式碼中，`counter` 的值會在每次迴圈時增加 1，當 `counter` 的值達到 5 時，迴圈就會停止。這樣就不會產生無窮迴圈的問題了。

加上這一行就可以修正無窮迴圈
(註：這一行就是 count = count +1 的意思)

　　不過有時候，程式人員會刻意設計一個無窮迴圈，但加上一個可跳出迴圈的 **break** 關鍵字，以達成某些效果，接著就來看看。

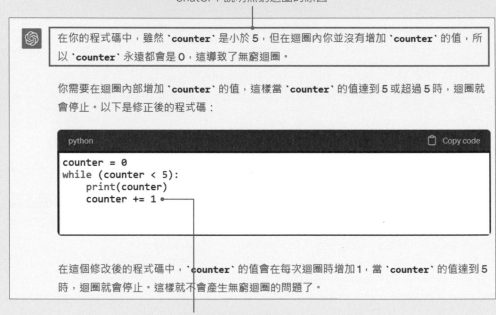

認識 break 與 continue

break 可用來跳出迴圈，而 **continue** 則可直接跳回 '下一圈' 的開頭（後面未執行的程式就略過不執行了）：

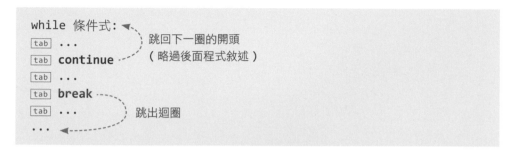

不太懂沒關係，我們用一個有趣的範例來說明。

♦ break

先來看可跳出迴圈的 **break**。假設身為遊戲設計人員的您要設計一個「**能量條有限的戰鬥人物，人物在能量條耗盡之前會不停戰鬥**」。我們把需求拆解一下，先設計「**不停戰鬥的人物**」，再思考「**能量條耗盡後停止戰鬥**」這一點怎麼做。

聽到「不停」就想到剛剛學到的 while 無窮迴圈，用 while 就可表現「不停的戰鬥」。while 要在 () 中寫上條件式，這次的條件式很簡單，直接寫一個 **True** 就可以了，**while (True):** 就會形成一個無窮迴圈：

```
>>> while(True): ↵    ←─── 製造無窮迴圈
... [tab] print('戰鬥') ↵ ←─── 在底下的程式區塊撰寫 '戰鬥' 的程式碼
... ↵
戰鬥 ┐
戰鬥 ├── ←─── 會一直印 '戰鬥' 出來
…省略 ┘
^C戰鬥 ←─── 可按下 [Ctrl] + [C] 強制中斷戰鬥（跳出迴圈）
Traceback (most recent call last):
  File "<stdin>", line 2, in <module>
  KeyboardInterrupt
```

接著，「**能量條耗盡後停止戰鬥**」怎麼設計呢？要停止戰鬥很簡單，改寫前面的程式碼，在 while 迴圈中加入 **break** 就行了。加入 break 後，程式還是會由上往下依序執行，不過遇到 break 時，迴圈就會被強制終止。請輸入並執行以下程式：

Shell

```
01 >>> while(True):↵
02 ... tab print('揮拳')↵
03 ... tab print('飛踢')↵
04 ... tab break ↵ ---------
05 ... tab print('必殺奧義')↵      ⟩ 跳出迴圈
06 ... ↵ ◄--------------
   揮拳
   飛踢
```

程式說明：

● **第 1 行**：製造無窮迴圈的程式不變。

● **第 2～5 行**：依序寫了顯示**揮拳**、**飛踢**和**必殺奧義**的程式碼，請注意我們在中間**第 4 行**插入了 **break**。執行後，畫面上只顯示**揮拳**和**腳踢**就停了，可以驗證當無窮迴圈的程式執行遇到 break 時，迴圈就會結束。以本例來說，迴圈連一次都沒有完成，執行第 0 次到一半，遇到 break 就結束了。

接續來完成「**能量條耗盡後**」停止戰鬥，可用 3-1 節介紹的 if 判斷式來設計「能量條耗盡」這項條件，以下定義 power 變數做為能量條的數值，並設計「**每次使出揮拳、飛踢和必殺奧義這 3 次攻擊後，能量條就減 1**」：

```
Shell
01 >>> power = 2 ↵    ←——— 設定能量條的初始值為 2
02 >>> while(True): ↵
03 ... tab print('揮拳') ↵
04 ... tab print('飛踢') ↵
05 ... tab print('必殺奧義') ↵
06 ... tab power = power -1 ↵
07 ... tab if (power == 0): ↵    ←——— 這裡撰寫能量條損耗、
08 ... tab tab break ↵                 以及停止戰鬥的條件
    ... ↵
揮拳
飛踢
必殺奧義
揮拳
飛踢
必殺奧義
```

程式說明：

● 第 1～6 行：設定「**每次使出揮拳、飛踢和必殺奧義這 3 次攻擊後，能量條就減 1**」，要是沒有 power = power -1 這一行，程式就會變成無窮迴圈（因為能量條永遠都是 2）。

● 第 7 行：接著透過這一行的 if 判斷式，讓程式在 power 的數值降為 0 時，執行 break 終止迴圈。這樣就成功模擬出「**各種攻擊分別用了 2 次後，耗盡所有能量條**」的人物戰鬥過程。

♦ continue

那 **continue** 怎麼用呢？ continue 的作用在於**強制跳回 '下一圈' 的開頭**（略過後面未執行的程式），要注意的是 continue 只會跳過它之後的程式碼而已，仍舊會繼續將迴圈應當完成的次數執行完。

◆★TIP 其實 break / continue 不只可以用在 while 迴圈，也可以用在 for 迴圈。底下換個例子，以 for 迴圈來說明 continue 的用法。

下面的範例背景是有 3 個小孩的家庭。在名為 family 的串列變數中存放了 3 個小孩的名字，然後使用前面學到的 for，針對每個小孩進行相同的處理。

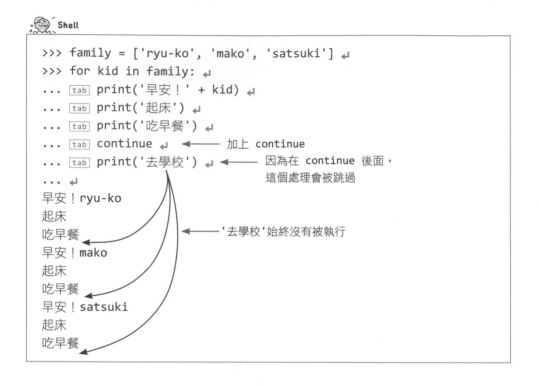

> ★編註 複習一下，如果將這個程式的 continue 換成 break，那執行結果是什麼？答：就只有 ryo-ku 會「起床」、「吃早餐」，之後整個迴圈就全部結束了。

★小編補充

用 ChatGPT 幫你說明程式用途、加上註解

前面我們已經了解 break、continue 的用法，使用它們可以很彈性的控制程式的執行流程，不過前面我們示範的只是基本的用法，萬一日後您看到一段程式中，既有 break，又有 continue，可能得研究一番、在程式上比劃老半天才知道程式在做什麼。這時候可以請 ChatGPT 幫我們說明一下程式的用途：

```
i = 1
while True:
    if i == 5:
      i += 1
      continue
    print(i, end=' ')
    if i == 10:
        break
    i += 1
print('結束')
```

既有 break，又有 continue，
一時看不出程式怎麼 run 的…

Q

請問下列程式碼的功能？

```
i = 1
while True:
    if i == 5:
      i += 1
      continue
    print(i, end=' ')
    if i == 10:
        break
    i += 1
print('結束')
```

貼上程式碼問 ChatGPT

這段程式碼將會打印出數字1到10（包含10），但會跳過數字5，並在最後打印出"結束"。

以下是該程式碼的詳細執行過程： ● — ChatGPT 詳細解釋了程式碼的功能

1. 變數 `i` 初始化為1。

2. 程式進入一個無窮 `while` 迴圈，迴圈條件為 `True`，所以迴圈將持續執行直到遇到 `break` 跳出迴圈。

3. 如果 `i` 等於5，程式會進入 `if i == 5` 的條件語句，將 `i` 值加1，並使用 `continue` 跳過該次迴圈的剩餘部分，即不會執行 `print(i, end=' ')`，然後直接進入下一個迴圈迭代。這就是為什麼數字5不會被打印出來。

4. 如果 `i` 不等於5，程式會打印出 `i` 的值，並且在數字之間留有空格（由於 `end=' '`）。

如果一長串的說明您覺得跟程式不太好對應，可以換個方法，請 ChatGPT 幫我們逐行上**註解**，註解在程式中是不被執行的文字，用於解釋程式碼以便日後自己回憶設計過程、或讓別人快速看懂您的程式碼。想請 ChatGPT 幫我們上註解，可以使用「幫忙加註解」或「加上詳細註解」的提示語：

Q

```
請幫我將以下程式加上註解
--------------------
i = 1
while True:
    if i == 5:
      i += 1
      continue
    print(i, end=' ')
    if i == 10:
        break
    i += 1
print('結束')
```

Python 的程式註解使用「#」符號來表示，符號後面的文字都會被視為註解

每一行都加上註解，有一種很安心的感覺

以下是加上註解的程式碼：

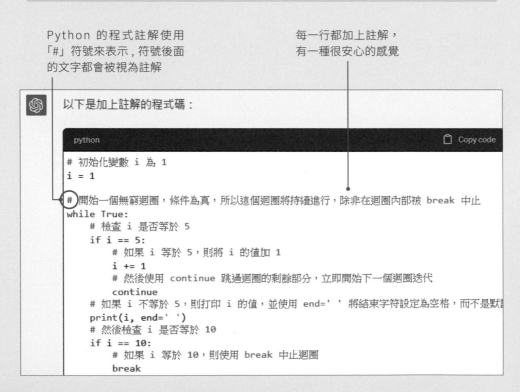

```python
# 初始化變數 i 為 1
i = 1

# 開始一個無窮迴圈，條件為真，所以這個迴圈將持續進行，除非在迴圈內部被 break 中止
while True:
    # 檢查 i 是否等於 5
    if i == 5:
        # 如果 i 等於 5，則將 i 的值加 1
        i += 1
        # 然後使用 continue 跳過迴圈的剩餘部分，立即開始下一個迴圈迭代
        continue
    # 如果 i 不等於 5，則打印 i 的值，並使用 end=' ' 將結束字符設定為空格，而不是默認
    print(i, end=' ')
    # 然後檢查 i 是否等於 10
    if i == 10:
        # 如果 i 等於 10，則使用 break 中止迴圈
        break
```

ChatGPT 萬能程式顧問

3-3

將多個處理功能
打包起來

函式 (function)

在第 1 章，我們知道使用變數的理由是為了要重複使用同一份資料。同樣的，使用**函式 (function)** 的理由是為了要重複使用同一段程式。只要將重複使用的程式片段彙整起來賦予一個函式名稱，就可以像變數一樣，呼叫這個函式名稱來使用這個程式片段。

 能彙整多種處理動作的函式

照例，我們先從一個簡單的生活範例來加深對函式的認識。

 洗衣機做了哪些事？

家中若有一台多功能的洗 / 脫 / 烘洗衣機，鐵定可以省了不少事，請試想這台洗衣機在過程中做了哪些事呢？大致上應該是這樣：

1. 注水
2. 清洗
3. 清掉洗衣劑
4. 脫水
5. 烘乾

就算不太清楚洗衣機的運作細節，但只要一鍵按下**開始鍵**就能用了，您可以想像這是製作洗衣機的技術人員事先把衣物洗乾淨的「程式」寫在裡頭了，而我們只需要按個按鈕就能執行。

函式也像這樣，Python 提供的函式是怎麼寫出來的我們通常不會去在意，**知道怎麼用就好了**！事實上我們也早就用過函式了，前面最常用的就是 **print()** 這個函式，此外也在 3-1 節介紹 for 迴圈時用過 **range()** 函式。

很認真的人會去研究 print()、range() 是怎麼寫出來的,但大部分的情況直接用就好了啦!

不過,像 print()、range() 這些是 Python 的內建函式,這一節則要介紹如何自己設計函式來用,因為內建函式不可能 100% 可以做到我們想做的事,當不符需求時,就可以自己設計函式來用。當然,此時就得細究函式的內部要做哪些事了,因為**此刻您就是製作洗衣機的技術人員!**

函式的語法

所謂設計函式就是在程式中**定義** (define) 函式,使用的是 **def** 這個關鍵字,語法如下:

語法

```
def 函式名稱():
  tab  處理 1  ┐
  tab  處理 2  ├──── 程式區塊
    ·          ┘
    ·
    ·
```

def 函式名稱 (): 那行要注意的地方是:

● def 後面要空一格,後面接想幫函式取的名稱(名稱不能是 Python 保留字)。

● ( ) 裡面可以留空,也可以放**參數**,一開始我們先不放,需要放的時候再說明再說明。

● 最後不要忘了輸入半型的:。

def 底下縮排的部分就是程式區塊了,左邊記得要縮排,再撰寫這個函式的處理內容。上圖只有寫處理 1 和處理 2,不過程式區塊中可以依需求增加更多程式。

例：定義自己的函式

來試著定義一個函式吧！我們就以前面的多功能洗衣機的例子來練習。首先輸入 def，後面的函式名稱訂為 washingMachine，洗衣機所做的事簡單一點用 print() 函式來表示就好：

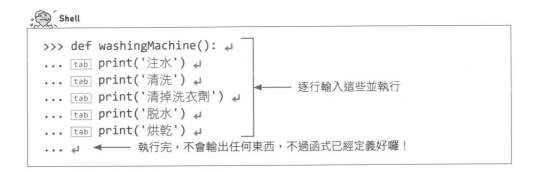

定義完函式後，呼叫函式的做法很簡單，就像 print() 那樣，輸入函式名稱加上 () 再執行就可以了，print() 的括號裡面我們通常會輸入想顯示的內容，不過由於上面定義 washingMachine() 時沒有在（）內輸入任何東西，因此呼叫時也只要寫 washingMachine() 即可：

呼叫函式後，可以看到按照函式所定義的內容輸出洗衣機的各項動作。函式的便利之處就在於只要寫過一次程式碼，之後呼叫 washingMachine() 就像按下洗衣按鈕一樣方便喔！往後當您意識到**「感覺這些程式滿常重覆寫的」**，此時就可以把一整套程式彙整成函式，如此就能減少重複的程式碼，讓程式更精簡。

加上「參數」，讓函式能依指示做不同的處理

前面這個 washingMachine() 函式只能千篇一律執行相同的處理，我們來做個「升級」，讓函式能依我們的指示執行不同的處理，就像洗衣機有**一般**、**輕柔**、**強力**模式可以選擇那樣。下面繼續用洗衣機的例子來說明。

 可以指定模式 (mode) 的洗衣函式

♦ Step1：利用 if 判斷式撰寫不同的處理方式

現在我們要用程式模擬**一般**、**輕柔**、**強力** 3 種洗衣模式。聽到有 3 種模式可以選，讀者是否可以直覺聯想到 3-1 節學到的 **if⋯elif⋯else** 判斷式呢？這樣就可以撰寫在 3 種模式間做轉換的程式碼。我們先把函式擺一旁，先建立一個 mode 變數來綁定清洗模式，再用 if⋯elif⋯else 來寫 3 種模式的判斷式：

Shell

```
>>> mode = 'soft'  ↵  ←——— 先假設是 '輕柔' 模式
>>> if (mode == 'soft'): ↵
... [tab] print('輕柔清洗') ↵
... elif (mode == 'hard'): ↵       ←——— 撰寫判斷式
... [tab] print('強力清洗') ↵
... else: ↵
... [tab] print('一般清洗') ↵
... ↵
輕柔清洗
```

程式說明：

● **第 1 行**：將 'soft' 字串指派給 mode 變數。

● **第 2 行**：撰寫 if⋯elif⋯else 判斷式。如果 mode 是 'soft' 就輸出**輕柔**清洗，如果 mode 是 'hard' 就是**強力**清洗，其他情況則是**一般**清洗。由於第 1 行已經把 'soft' 指派給 mode 變數，經判斷後輸出 ' 輕柔清洗 ' 的字串。

◆ Step2：把 if 判斷式放入函式內

接著要把擬好的 if 判斷式放入 washingMachine() 函式中。這裡必須思考的是，Step1 的程式在第 1 行寫了 mode='soft' 來指定模式，可不能把這一行搬進函式內，如此一來就把 mode 寫死了，也就無法在呼叫函式時指定 mode 變數的值來「選模式」，讓程式依模式來判斷要做什麼處理。

要怎麼在呼叫函式時指定 mode 變數的值 (mode = 'soft' 或 mode = 'hard' 或 mode = 'normal') 呢？這時能派上用場的就是函式的 **參數** 了。參數是在呼叫函式時，能同時將資料傳給函式的機制。第一次接觸光聽這樣可能不太懂，所以下面直接先跑一段程式體驗看看：

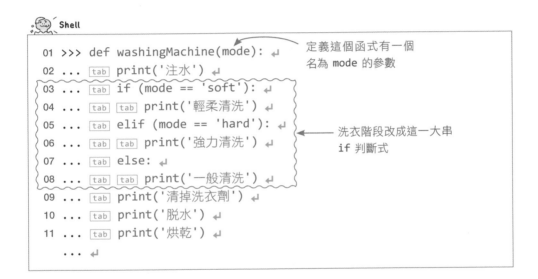

```
01 >>> def washingMachine(mode):
02 ...   tab  print('注水')
03 ...   tab  if (mode == 'soft'):
04 ...   tab  tab  print('輕柔清洗')
05 ...   tab  elif (mode == 'hard'):
06 ...   tab  tab  print('強力清洗')
07 ...   tab  else:
08 ...   tab  tab  print('一般清洗')
09 ...   tab  print('清掉洗衣劑')
10 ...   tab  print('脫水')
11 ...   tab  print('烘乾')
   ...
```

定義這個函式有一個名為 **mode** 的參數

洗衣階段改成這一大串 **if** 判斷式

程式碼看起來有點長，不過可指定模式的 washingMachine() 函式其實已經搞定了！

程式說明：

● **第 1 行**：washingMachine() 的括號中寫著 mode：

```
def washingMachine(mode):
```

定義時這樣寫，就表示之後函式被呼叫時，在函式內部會將傳遞過來的
參數值綁定給 mode 變數，而呼叫時加參數的寫法是像底下這樣：

```
washingMachine('soft')
```

上面這樣寫，就會在呼叫函式時把 'soft' 這個參數值綁定給 mode 變數，
然後 mode 變數就可以在函式中運作了。

● **第 3～8 行**：用 if…elif…else 判斷式決定要輸出哪個清洗模式。

♦ Step3：呼叫看看函式，記得傳入參數

接著來呼叫看看 washingMachine() 函式，並傳入不同的參數試試吧！

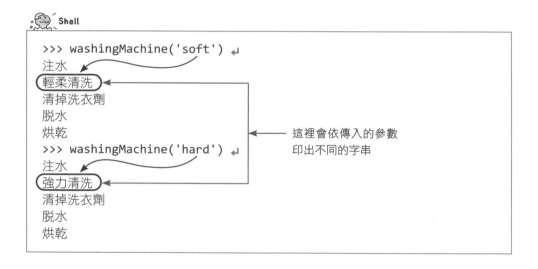

最後，我們列出傳入參數後函式所做的事，讓讀者更清楚參數是怎麼運作
的：

① 首先，執行 washingMachine('soft') 後，

② 'soft' 字串會以參數的形式傳入函式，

③ 綁定給 mode 變數。

④ 執行 print(' 注水 ')。

⑤ 在 if 的地方，將 mode 變數綁定的字串跟 'soft' 做比較，

➡ 如果判斷為真就執行 print(' 輕柔清洗 ')。

➡ 如果判斷為假：

⑥ 在 elif 的地方，跟 'hard' 字串做比較，

……(以下略)

 ## 用 return 讓函式傳回資料

函式除了被呼叫時可以接收參數進行處理外，還有一項重要的功能就是**傳回 (return)** 資料，可以像 print() 般將**傳回值 (return value)** 傳回給外界；也可以進一步將傳回的資料綁定給某變數，如此就可以利用此變數繼續做其他處理。下面就用範例示範這 2 種做法。

 ## 計算圓形面積的函式

我們先試**做法 1**。用剛學到的參數，撰寫一個計算圓面積的函式，這個函式需要以參數的形式接收半徑的值，做完計算後，可以將計算出來的面積值傳回給外界：

Shell

```
01 >>> def area(radius): ↵
02 ... tab result = radius * radius * 3.14 ↵
03 ... tab return result ↵ ◀──── 用 return 關鍵字將運算後的
04 ... ↵                          結果 (result) 傳回給外界
05 >>>
```

程式說明：

● **第 1 行**：將函式名稱訂為 area，可以傳入一個 radius（半徑）參數。

● **第 2 行**：做圓面積的計算。

● **第 3 行**：用 **return** 傳回計算完的結果（即 result 變數）。return 的用途就是結束函式，並傳回寫在 return 右邊的資料。

定義完成後，可以用看看這個簡單的函式，呼叫它時傳入參數 5：

 **Shell**

```
>>> area(5) ↵  ◄─── 呼叫函式，並輸入參數 5
78.5  ◄─── 傳回了 78.5 的圓面積值
```

再來試**做法 2**。函式的傳回值除了像做法 1 那樣直接顯示出來外，更多時候會跟變數綁定，如下面的例子：

Shell

```
01 >>> small = area(5) ↵
02 >>> big = area(10) ↵
03 >>> print(small) ↵
   78.5
04 >>> print(big) ↵
   314.0
```

程式說明：

● **第 1～2 行**：分別設了 small 和 big 兩個變數，並將半徑 5 的小圓面積指派給 small 變數，將半徑 10 的大圓面積指派給 big 變數。

● **第 3～4 行**：分別將兩變數綁定的值印出來。

ChatGPT 萬能程式顧問

★小編補充

提供想法，請 ChatGPT 生成「函式」

定義函式需要結合前面介紹的變數、判斷式、傳回值…所有知識，若初學時對融入這些知識還有點生疏，也可以請 ChatGPT 來幫忙。做法很簡單，用文字描述好函式的功能，就可以丟給 ChatGPT 幫忙寫出一個範本程式。本節已經學會函式基本概念，應該就不難看懂 ChatGPT 所生成的函式。底下來試試 (註：每個人得到的程式不一定會相同)：

Q

幫我設計一個洗衣機的函式，根據傳入的參數可以輸出「輕柔清洗」、「強力清洗」、「一般清洗」三個字串

請 ChatGPT 撰寫前面練習過的函式

 當然可以。以下是一個根據輸入參數決定洗衣模式的函式：

```python
def washing_machine(mode):
    if mode == 'gentle':
        return '輕柔清洗'
    elif mode == 'strong':
        return '強力清洗'
    else:  # 如果 mode 不是 'gentle' 或 'strong'，則預設為 'normal'
        return '一般清洗'

# 測試函式
print(washing_machine('gentle'))  # 輸出：輕柔清洗
print(washing_machine('strong'))  # 輸出：強力清洗
print(washing_machine('normal'))  # 輸出：一般清洗
print(washing_machine('other'))   # 輸出：一般清洗
```

這個函式 `washing_machine` 接收一個名為 `mode` 的參數，並根據這個參數的值返回對應的洗衣模式。如果 `mode` 的值是 'gentle'，它將返回 '輕柔清洗'；如果 `mode` 的值是 'strong'，它將返回 '強力清洗'；對於其他的值，它將預設為 '一般清洗'。

　　上述 Python 程式建立了一個 washing_machine() 函式，跟前面練習的程式架構還挺類似的，只差在前面是用 print() 來印出各種洗衣模式，而此例 ChatGPT 則用了 return 來傳回字串值。return 前面也介紹過，因此都能看得懂。

　　若函式不符所需，也可以繼續跟 ChatGPT 溝通，例如請 ChatGPT 補強一下函式：

Q

補強一下這個函式，如果傳入的不是三種模式之一，會出現訊息提示。

當然可以，這個需求可以透過加入一個檢查輸入是否合法的步驟來實現。以下是修改後的函式：

```python
def washing_machine(mode):
  if mode not in ['gentle', 'strong', 'normal']:
    return '錯誤：請輸入正確的模式（"gentle"、"strong"、"normal"）

  if mode == 'gentle':
    return '輕柔清洗'
  elif mode == 'strong':
    return '強力清洗'
  else:  # 如果 mode 是 'normal'
    return '一般清洗'

# 測試函式
print(washing_machine('gentle'))  # 輸出: 輕柔清洗
print(washing_machine('strong'))  # 輸出: 強力清洗
print(washing_machine('normal'))  # 輸出: 一般清洗
print(washing_machine('other'))  # 輸出: 錯誤：請輸入正確的模式（"ge
```

> 這裡多了一段
> if 判斷式

　　ChatGPT 幫我們所加的 if 判斷式用了一個前面沒介紹過的 **not in** 算符，但程式讀起來不難理解因此趁機學一下，若傳入的參數不是 ['gentle', 'strong', 'normal'] 三者之一，就會印出訊息來提示。當然，您可以再試著跟 ChatGPT 溝通，例如：

Q

not in 我看不懂，能否換個寫法

則會再生成其他版本給您（其實多學一些也不是壞事啦！）。

體驗其他 Python 內建函式

學會怎麼自己撰寫函式後，最後來體驗一些 Python 的內建函式。我們已經知道，內建函式就是不需要自己動手撰寫，安裝好 Python 後就能呼叫使用的函式，就像前面用過的 print()、range() 那些，再來試幾個。

♦ len()

len 是 length 的簡寫，顧名思義是計算「長度」的函式，**len()** 函式可以傳回資料的長度或資料包含的元素數量：

```
>>> len('thunderbolt') ↵
11 ↵
```

現在我們知道括號裡面傳入的叫「參數」了

傳回 'thunderbolt' 字串的字數

```
>>> animal = ['cat','dog','duck'] ↵
>>> len(animal) ↵
3
```

傳回 animal 串列的元素數量（裡面是 3 個字串）

♦ max()、min()

從名稱應該就知道這 2 個函式的功能。**max()** 是取最大值，**min()** 則是取最小值：

```
>>> max(100,10,50) ↵
100
>>> min(300,30,3000) ↵
30
```

很簡單吧！除了數值外，這 2 個函式也能處理字串資料。傳入字串會傳回什麼呢？來試試：

```
>>> max('thunderbolt') ↵
'u'
```

如上所示，max() 會傳回最接近 z 的字母，min() 則會傳回最接近 a 的字母。

◆ type()

最後來看非常實用的 **type()** 函式，當您撰寫程式到一半時，可能會突然搞不清楚前面定義過的 XXX 是什麼型別的資料？這時候就可以用 type() 確認：

```
>>> hatena_1 = 9800 ↵
>>> type(hatena_1) ↵        ◀── 查詢這個變數的型別
<class 'int'> ◀── 整數型別
>>> hatena_2 = 'marshmallow' ↵
>>> type(hatena_2) ↵
<class 'str'> ◀── 字串型別
>>> hatena_3 = ['osomatsu', 'karamatsu'] ↵
>>> type(hatena_3) ↵
<class 'list'> ◀── 串列型別
```

(編註：前面的 class 稱為類別，什麼意思我們慢慢再介紹)

上面只牛刀小試介紹了一些內建函式，若需要 Python 所有內建函式的資訊可上官網 **https://docs.python.org/3/library/functions.html** 查詢。

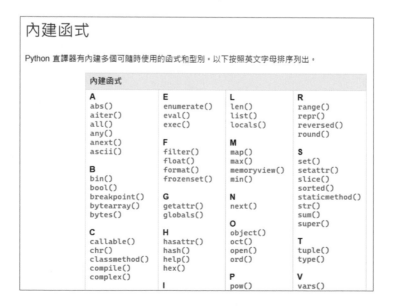

內建函式

Python 直譯器有內建多個可隨時使用的函式和型別。以下按照英文字母排序列出。

內建函式			
A	**E**	**L**	**R**
abs()	enumerate()	len()	range()
aiter()	eval()	list()	repr()
all()	exec()	locals()	reversed()
any()			round()
anext()	**F**	**M**	
ascii()	filter()	map()	**S**
	float()	max()	set()
B	format()	memoryview()	setattr()
bin()	frozenset()	min()	slice()
bool()			sorted()
breakpoint()	**G**	**N**	staticmethod()
bytearray()	getattr()	next()	str()
bytes()	globals()		sum()
		O	super()
C	**H**	object()	
callable()	hasattr()	oct()	**T**
chr()	hash()	open()	tuple()
classmethod()	help()	ord()	type()
compile()	hex()		
complex()		**P**	**V**
	I	pow()	vars()

3-4

標準函式庫

標準函式庫指的是安裝 Python 時就已安裝好的**模組**（module）或**套件**（pageage），其內容相當龐大，在使用前必須先 import 到程式中才能使用，例如第一章看過的 calendar 就是 Python 內建的模組。

跟內建的標準函式庫對應的則是外部（非官方）的**第三方套件**，這就必須另外安裝才能使用，這部分會在第 6 章說明。

 ## 認識函式庫 (library)、模組 (module) 及套件 (package)

我們都知道 library（函式庫）是圖書館的意思，但在程式的世界中，它比較像**工具箱**。我們可以從工具箱拿不同工具來用，函式庫也一樣，我們可以選擇一些現成的程式功能來用，就可以更輕鬆地撰寫程式。

而在函式庫這個工具箱內的各種工具就稱**模組 (module)**，一個模組基本上就是一個 .py 程式檔，其中撰寫了各種變數、函式…等現成的程式。若將多個相關的模組放在一個資料夾中，則該資料夾即成為**套件 (package)**。這麼多名稱你可能有點花，其實我們在使用時並不需要特意分辨什麼是模組、什麼是套件，甚至這兩個名詞會常混著用，反正知道是用現成的功能就對了！

工具箱	捲尺	槌子	螺絲起子組合
函式庫	**模組**，裡面有「測量物品長度」函式	**模組**，裡面有「釘釘子」函式、「拔釘子」函式	**套件**，裡面有： ·「十字起子」模組：裡面有「轉緊螺絲」函式、「轉開螺絲」函式 ·「一字起子」模組：裡面有「轉緊螺絲」函式、「轉開螺絲」函式

匯入標準函式庫來用

標準函式庫在使用前必須先匯入到程式中才能使用,底下說明匯入時會用到的幾個語法。

♦ import

要在 Python 中使用模組,只要使用 **import** 關鍵字匯入模組名稱即可。這裡再度搬出第 1 章用過的 calendar 模組(編註 :其實它就是藏在硬碟某個角落的 calendar.py 檔案啦!待會會提怎麼挖出這個檔案來看):

Shell

```
>>> import calendar ↵
>>> print(calendar.month(2022, 7)) ↵ ←—— 顯示 2022 年 7 月的月曆
      July 2022
Mo Tu We Th Fr Sa Su
             1  2  3
 4  5  6  7  8  9 10
11 12 13 14 15 16 17
18 19 20 21 22 23 24
25 26 27 28 29 30 31
```

程式說明:

● 第 1 行:匯入 calendar 模組。

● 第 2 行:在 calendar 後方加上 .(點號)來呼叫模組內的 month() 函式,然後傳入 print() 函式來印出結果。

★TIP 函式庫的 .py 程式檔放在哪裡?

當您匯入某模組後,執行以下程式就可以查到該模組 (.py) 的存放路徑:

→ 接下頁

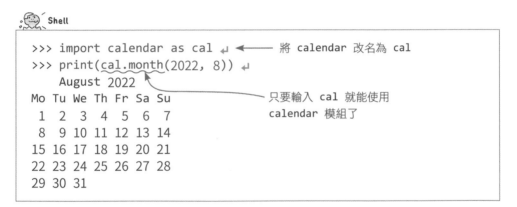

```
Shell
>>> import calendar ↵ ◄── 以 calendar 為例，先把它 import 進來
>>> print(calendar.__file__) ↵ ◄── 接著執行這一行就可以印出模組檔的位置
C:\Users\使用者名稱\anaconda3\lib\calendar.py ◄

                            由於本書是利用 Anaconda 來安裝
                            Python，模組是放在此路徑下
```

得知位置後，也可以用 Spyder 進一步開啟 calendar.py 檔，雖然平常用不到，但偶爾可以查看這些 Python 高手們所寫的程式喔！

♦ **as**

在匯入模組、套件時，可以用 **as** 取個短一點的名稱以方便使用，例如底下替 calendar 取個較簡短的名字 cal：

```
Shell
>>> import calendar as cal ↵ ◄──── 將 calendar 改名為 cal
>>> print(cal.month(2022, 8)) ↵
    August 2022                    只要輸入 cal 就能使用
Mo Tu We Th Fr Sa Su               calendar 模組了
 1  2  3  4  5  6  7
 8  9 10 11 12 13 14
15 16 17 18 19 20 21
22 23 24 25 26 27 28
29 30 31
```

♦ **from**

使用 **from** 關鍵字可以從套件中匯入特定的模組來用，或是從模組中匯入特定的函式來用：

語法
from 套件 import 模組

或

語法
from 模組 import 函式

我們來試試從 calendar 模組匯入 month() 函式及 isleap() 函式來用。isleap() 可以判斷傳入的西元年份是否為閏年，若是就傳回 True，否則傳回 False：

```
>>> from calendar import month, isleap ↵  ◀────  從 calendar 模組
>>> print(month(2022, 9)) ↵                        匯入 2 個函式
    September 2022
Mo Tu We Th Fr Sa Su
          1  2  3  4
 5  6  7  8  9 10 11
12 13 14 15 16 17 18
19 20 21 22 23 24 25
26 27 28 29 30
>>> isleap(2024) ↵  ◀────  判斷 2024 年是否為閏年
True  ◀────  結果是閏年
```

★ 小編補充 用不用 from 的差異

使用 from 之後，程式就清楚該函式是來自哪裡，所以在呼叫函式時就不必輸入套件名稱或模組名稱了：

▶ 沒用 from，只匯入模組

```
>>> import calendar ↵
>>> calendar.isleap(2022) ↵  ◀────  函式前面需加上 calendar.
False
```

▶ 使用 from 從模組匯入函式

```
>>> from calendar import isleap ↵
>>> isleap(2022) ↵  ◀────  函式前面不用加 calendar.，直接就可以用
False
```

 標準函式庫中的其他套件及模組

　　Python 的標準函式庫橫跨了各種領域，提供非常豐富的模組和套件，您可以在 **https://docs.python.org/3/library/** 網站查詢到相關內容。不用擔心是否該把這些內容通通學會，就算是專業的程式設計師應該也沒用過全部的模組。而且現在我們有 ChatGPT ！爾後當您描述需求給 ChatGPT 生成程式後，看到它開頭 import XXX 的是什麼，就知道用了什麼模組或套件，再慢慢學就可以了。不管是到上面的網站去看教學，或者問 ChatGPT 都行！

用程式讀檔、關檔
及例外狀況處理

檔案存取是電腦上常有的操作，而在跨入程式的世界後，就得學習如何利用程式來操作檔案，包括開檔、寫入資料…等，也必須思考當程式運作時若找不到檔案該怎麼因應。現在很流行的辦公室自動化技巧，包括自動整理多個 Excel 檔，自動開啟檔案資料來轉檔…等，這些便利技巧的基礎正是本章所介紹的知識喔！

4-1 建立檔案物件來存取檔案 物件 (object)

本節將介紹如何用程式讀取檔案、或將資料寫入檔案,當中最重要的就是**檔案物件**的概念。

認識檔案物件 (file object)

想用程式操作一個 txt、Word、Excel... 檔案時,必須透過**檔案物件**來進行,檔案不難懂,但什麼是**物件** (object) 呢?簡單一句話:**在 Python 中,所有的東西都是物件!**而且其實,我們從第 1 章就一直在使用物件了,任何整數、浮點數、字串、串列、tuple、甚至是函式…都是物件,也因此這樣,我們能把變數做為一個名牌「貼」到各個物件身上。

而寫 Python 程式說穿了就是在操作各種物件來得到想要的結果,至於操作的方式前面我們也練習過一些,就是「**物件名.函式名 ()**」這樣,例如第 1 章練習過的 calendar.month() 秀月曆、第 2 章練習過的 text.upper() 字串轉大寫、word.count() 字串算字數、list.sort() 串列元素做排序…等等。其中,物件專有的函式也叫做 method (即第 2 章出現過的名詞)。

> **★編註** 還是有點玄?其實物件、method 都只是程式語言的用語罷了,沒關係,您只要牢記「**在 Python 中,所有的東西都是物件**」這句話,以及你要使用某物件的函式做一些處理時,只要用「**物件名.函式名 ()** 就行了。

有了以上概念,就不難理解檔案物件了。以最基本的 Python 內建函式 **open()** 為例,它可以用來開啟檔案,然後傳回一個檔案物件,如此一來我們就可以用這個檔案物件的 read() 來讀取、用 write() 來寫入、用 close() 來關閉,總之就是用專屬於這個檔案物件的 method 來操作檔案:

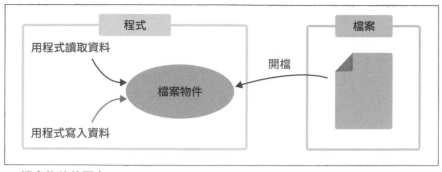

▲ 檔案物件的概念

 建立檔案物件

用 **open()** 建立檔案物件的語法如下：

4

▼

用程式讀檔、關檔及例外狀況處理

語法

open('檔案路徑', '開啟模式')

└── open() 是 Python 內建的函式，不需要 import 就能使用

◆「檔案路徑」參數

檔案路徑參數需要指定目標檔案的路徑，平常滑鼠用慣了，都是透過點按來找到檔案，不過在程式中，就得將檔案的位置寫在程式裡。通常有以下幾種寫法：

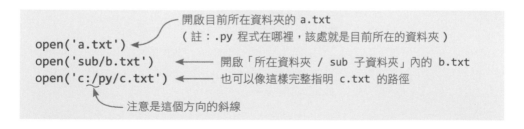

```
open('a.txt')
open('sub/b.txt')
open('c:/py/c.txt')
```

開啟目前所在資料夾的 a.txt
（註：.py 程式在哪裡，該處就是目前所在的資料夾）

← 開啟「所在資料夾 / sub 子資料夾」內的 b.txt

← 也可以像這樣完整指明 c.txt 的路徑

└── 注意是這個方向的斜線

> **★小編補充** 請注意！在路徑字串中可使用 / 或 \ 來分隔資料夾，例如 'C:/a.txt' 或 'C:\a.txt' 都可以，但 \ 在 Python 內可能被視為特殊用途，所以本書一律會使用 / 來分隔資料夾，這樣做最單純。

在程式中必須指明路徑，例如 Windows **桌面**的路徑就是這樣，平常沒留意的話還得查一下呢

▲ 指明檔案的路徑

♦「開啟模式」參數

　　檔案路徑後面的參數則需要指定**開啟模式**，可依需求，指定不同的模式。常用的模式有以下 3 種：

模式	功能	可進行的操作
'r' (read)	**讀取**模式，這是預設的模式	只能讀取資料
'w' (write)	**寫入**模式，開啟時會先清除檔案原有的內容	只能寫入資料
'a' (append)	**附加**模式，寫入的資料會附加在檔案的最後	只能寫入資料

 ## 演練 (一)：開啟不存在的檔案

　　如果要開啟的檔案不存在，用 'r' 開啟時會發生 FileNotFoundError，也就是找不到檔案的錯誤（因為無法讀取），如果用 'w' 或 'a' 開啟時，就算該檔案不存在，也會先建立檔案以供寫入資料。我們實際撰寫程式確認一下：

Shell

為了方便練習，都寫完整的檔案路徑較為省事

```
>>> open('d:/null.txt', 'r') ←──── 用 'r' 模式開啟檔案
Traceback (most recent call last):
  File "<stdin>", line 1, in <module>
FileNotFoundError: [Errno 2] No such file or directory: 'null.txt'
```

錯誤！檔案不存在

上面的範例用 'r' 模式開啟一個 d:/ 底下不存在的 null.txt 文字檔，執行後就發生了 FileNotFoundError 的錯誤。

上面那一行讀者可以試著改用 'w' 或 'a' 模式建立檔案物件，即使該檔案不存在，程式也會建立一個空白檔案出來：

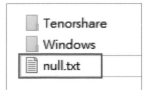

演練 (二)：使用 'w' 模式將資料寫入檔案

我們來熟悉一下如何用 'w' 模式開啟檔案，並試著檔案物件的 **write()** method 將一些資料寫入檔案內。先整理一下要演練的步驟：

① 以 **'w'** 模式建立檔案物件。

② 使用**檔案物件.write()** 將資料寫入檔案。

③ 關閉檔案物件。

請試著執行以下程式：

(編註：重申一遍，本書都是用 / 來分隔資料夾喔！比較省事)

 Shell

```
01  >>> file_object = open('d:/python.txt', 'w') ←── 建立檔案物件
02  >>> file_object.write('this is sample of python.') ←── 寫入資料
    25  ←── 寫入後會顯示寫入的字元數量
03  >>> file_object.close() ←── 關閉檔案物件
04  >>> file_object.write('this is sample of python.') ←─ 再寫入看看，
                                                         測試是否已關閉
    Traceback (most recent call last):
      File "<stdin>", line 1, in <module>        檔案物件已關閉，
    ValueError: I/O operation on closed file.    已經無法存取所以
                                                 發生錯誤
```

程式說明：

- **第 1 行**：建立檔案物件，將檔案路徑設為 'd:/python.txt'，設定 'w' 寫入模式，並將這個檔案物件指派給 file_object 變數（名稱可自訂），如此一來這個檔案物件就可以寫入資料。

- **第 2 行**：使用了檔案物件的 **write()** method，將想寫入的內容做為參數寫入檔案物件（即 python.txt）內。

- **第 3 行**：使用 **close()** method 來關閉檔案物件。

- **第 4 行**：執行 close() 之後，如果之後想再讀取或寫入資料，就必須重新建立檔案物件，否則就會出錯。但切記，檔案在使用完之後**要記得用 close() 關閉**，否則檔案可能會被鎖定而導致其他程式無法開啟。

★TIP 補充一點，其實執行**檔案物件 .write()** 時，當下不會立刻將資料寫入檔案（讀者可以執行第 2 行後立刻開檔案驗證，會發現資料沒有寫入）。為什麼呢？因為和其它的程式處理動作比起來，寫入檔案的動作相對耗時，因此 Python 通常會在您執行 close() 後再一口氣寫入所有資料。這就像你要請家人去買東西，如果每想到一樣食材就請對方跑一趟，就會浪費很多時間：

→ 接下頁

如果還沒有要關閉檔案物件，但想立即寫入資料，只要使用檔案物件的 **flush()** 即可：

Shell

```
>>> file_object = open('d:/python_flush_test.txt', 'w') ↵
>>> file_object.write('Use flush!!') ↵
11
>>> file_object.flush() ↵ ──── 立即寫入
```

從另一個檔案建立檔案物件

 演練 (三)：使用 'r' 模式讀取資料

用 'r' 讀取模式來建立檔案物件相對簡單，我們來演練以下步驟：

① 以 **'r'** 模式建立檔案物件。

② 以 **read()** method 讀取資料。

③ 關閉檔案物件。

Shell

```
01 >>> file_object = open('d:/python.txt', 'r')
02 >>> file_object.read() ──── 讀取檔案內容        指定 'r' 模式
   'this is sample of python.'
```

程式說明：

● **第 1 行**：使用 open() 函式，以 **'r'** 模式開啟前面建立的 python.txt 檔案，並將檔案物件指派給 file_object 變數。

● **第 2 行**：呼叫了 file_object 的 **read()** method，執行後就輸出了演練（二）寫入 python.txt 中的 'this is sample of python.'。如果出現 No such file or directory 的錯誤訊息，就是路徑錯了，請再重新檢查一下。

搞錯開啟模式會怎麼樣？

前面分別演練了 'w' 模式下的 wirte()，以及 'r' 模式下的 read()，提醒您，**這兩個 method 都只能在各自的開啟模式下使用喔**！要是您在 'r' 模式下使用 write()，則會告訴您 **'not writable' (無法寫入)**；若在 'w' 模式下使用 read()，則會告訴您 **'not readable' (無法讀取)**。您可能心想：還真麻煩 ... 放心，待會會介紹「混合」的開啟模式，就會比較方便了。

Shell

```
>>> obj = open('python.txt', 'r') ↵     ← 在 'r' 模式執行 write()
>>> obj.write('can I take it?') ↵
Traceback (most recent call last):
  File "<stdin>", line 1, in <module>
io.UnsupportedOperation: not writable
                              ↳ 錯誤訊息提示：無法寫入
```

演練 (四)：使用 'a' 附加模式

也來測試 'a' 模式的使用方式，我們要在前面以 'w' 模式建立的 python.txt 中增加字串資料：

Shell

```
01 >>> file_object = open('d:/python.txt', 'a') ↵  ← 指定為 'a' 模式
02 >>> file_object.write('Add_data_from_program!!') ↵
   23
03 >>> file_object.close() ↵                    ← 寫入這個字串
```

上面的範例除了改採 'a' 模式外，其餘部分和之前的 'w' 寫法都一樣，執行完 close() 後，讀者可以開啟 python.txt 看看原本內容的最後是否增加了一些文字：

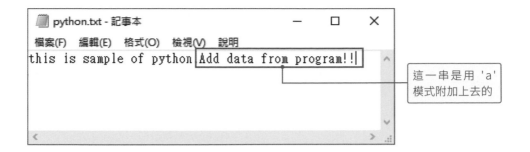

★小編補充　結果跟您想的有一樣嗎？的確就是連在原先內容的「尾巴」後面，既沒加空格隔開、更不會空一行。如果希望附加的字串放到下一行呢？那就要寫入資料時寫成 write('**\n**Add data from program!!)。在 Python 中，「****」主要是用來和其他字母組合以表示特定的意思，例如「**\n**」就表示換一行：

python.txt - 記事本 　　　　　　　　　—　　□　　✕

檔案(F)　編輯(E)　格式(O)　檢視(V)　說明

this is sample of python.
Add data from program!!｜　　加上一個 \n 的換行結果

如果是寫成 write('**\n\n** Add data from program!!)，就是換行兩次，結果就會是：

*python.txt - 記事本　　　　　　　　　—　　□　　✕

檔案(F)　編輯(E)　格式(O)　檢視(V)　說明

this is sample of python.　　加一個 \n 換行

Add data from program!!

再加一個 \n 換行

演練 (五)：建立可同時「讀取 + 寫入」的檔案物件

到目前為止，都是根據單一模式來建立檔案物件，不過多數情況下可能會想先讀取檔案確認內容後，再增加內容上去，這時只要在建立檔案物件時同時指定「讀取」和「寫入」模式即可。

想同時進行讀取和寫入的操作時，在 r 後面多個 +，寫成 **'r+'** 就可以了：

 Shell

```
01 >>> file_object = open('d:/python.txt', 'r+')     指定可同時讀取 +
02 >>> file_object.read()                            寫入的 'r+' 模式
   'this is sample of python. Add data from program!!'
03 >>> file_object.write('Use r+ mode.')
   12
```

程式說明：

● **第 1 行**：使用 'r+' 模式來建立檔案物件。

● **第 2 行**：讀取檔案，執行後輸出了 python.txt 裡面的文字。

● **第 3 行**：用 write() 將文字寫入檔案中，看到顯示字串的字元數 12，表示寫入檔案成功動作已經完成。這樣我們就利用同個檔案物件執行了讀取和寫入的動作。

♦ 小實驗：留意檔案物件的「讀寫位置」

用 close() 關閉檔案物件前，我們帶您做個小小的實驗。我們再一次用 read() 看看檔案物件的內容，確認是否會輸出原本的內容以及第 3 行新寫入的 'Use r+ mode.' 字串：

 Shell

```
>>> file_object.read()
   ''     ◄──── 結果怎麼會這樣呢？
```

疑？傳回來的是 ' '，這表示「空」的字串，為什麼字串是空的沒讀到內容呢？底下就來說明，請先關閉檔案物件：

```
>>> file_object.read() ↵
''
>>> file_object.close() ↵  ←—— 關閉檔案物件
```

看結果會以為前面沒有成功把字串寫入檔案中，不過請放心，寫入的動作其實已經完成，至於為什麼會得到這樣的結果，原因是左頁演練（五）的**第 2～3 行**依續執行了 read() 跟 write()，這兩個操作都會讓**讀寫位置（就像滑鼠游標）被移動到檔案的尾巴**，尾巴之後沒任何字，所以左頁底下第 2 次執行 read() 所讀出來的就會是''空字串。

這裡所說的讀寫位置就像滑鼠游標一樣，執行 read() 或 write() 後，會從目前的讀寫位置開始做讀寫，處理完畢後，讀寫位置就會移動至已讀取（或新寫入文字）的最尾巴。

♦ 可改變讀寫位置的 seek()

當讀寫位置已經被移動，如果想從頭讀取檔案內容時，就必須讓讀寫位置回到最前面，這時可以使用 **seek()** 這個 method。

從頭來過吧！我們重新建一個檔案物件，試試連續執行兩次 read() 會怎麼樣：

```
01 >>> file_object = open('d:/python.txt', 'r+') ↵
02 >>> file_object.read() ↵
   'this is sample of python. Add data from program!! Use r+ mode.'
03 >>> file_object.read() ↵
   ''                          ←—— 讀取第 2 次時輸出空字串
```

上面程式的**第 1～2 行**和先前相同，在**第 2 行**使用 read() 成功讀取檔案沒有問題，而在**第 3 行**再次用 read() 讀取檔案時，程式就輸出了空字串''。

如果想再次印出檔案的內容，要先使用 seek() 將讀寫位置移回最前方：

```
04 >>> file_object.seek(0) ↵
   0  ◀─── seek(0) 的意思就是將讀寫位置移回第 0 個字元（最前方）的位置
```

接著再次使用 read() 應該就會印出檔案的所有內容了：

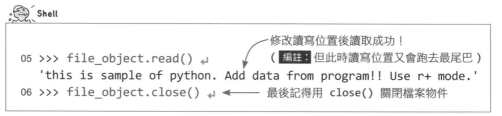

```
                            修改讀寫位置後讀取成功！
                            （ 編註：但此時讀寫位置又會跑去最尾巴）
05 >>> file_object.read() ↵
   'this is sample of python. Add data from program!! Use r+ mode.'
06 >>> file_object.close() ↵ ◀─── 最後記得用 close() 關閉檔案物件
```

常忘了 close()？！使用 with 自動關閉檔案物件

前面演練所有範例最後都得用 close() 關閉檔案物件，此步驟雖然是必要的，卻很容易忘！這時候能幫上忙的就是 **with** 這個關鍵字。使用 with 就可以在檔案物件使用完畢後自動關閉，這樣就不用 close() 了。語法如下：

語法

with open('檔案路徑', '開啟模式') as 檔案物件的變數名稱：
[tab] **各種讀寫操作的程式區塊**

採用這樣的寫法，檔案物件就只會存在於 with 之下有縮排的程式區塊中，當程式執行到 with 區塊以外時，檔案物件就會被自動 close。簡單來試一下：

```
                                            記得這裡要加：
>>> with open('d:/with.txt', 'w') as file_object: ↵ ┐
... [tab] file_object.write('using with!') ↵        ├◀── with 區塊
... ↵                                              ┘
11          離開 with 區塊後，從這一行開始就無法再操作
>>> ◀───── file_object，得重新建立檔案物件才行
```

4-2

利用 Python 模組處理各類型檔案

前一節我們是介紹最基本的 open() 函式,第 3 章我們提到 Python 提供了豐富的模組跟套件可以使用,其中當然也有不少處理檔案的模組,大致上怎麼做呢?其實就跟前一節的檔案物件類似,當要處理 XX 類型的檔案,就選用適當的模組建立一個 XX 檔案物件,接著就可以用這個物件專用的 method 做各種處理,概念都跟前一節一樣。本節就以「**用 zipfile 模組處理 zip 格式檔案**」為例做個演練。

 匯入 zipfile 模組處理壓縮檔

我們需要準備一個 zip 壓縮檔來練習,讀者可以從書附下載檔找到「**ch04 / 4-2 節 / test.zip**」做為練習檔,或者隨便用幾個文字檔包成 zip 檔也可以。取得 ch04 / 4-2 節 / test.zip 後請把它放在 C:/workplace 路徑下。

Shell

```
                    這是模組          這是模組的 method,請注意 ZipFile()
                                     的英文大小寫要寫對!
01 >>> import zipfile
02 >>> files = zipfile.ZipFile('C:/workplace/test.zip')
03 >>> files.namelist()
   ['a.txt', 'b.txt', 'd/', 'd/c.txt']
04 >>> files.extract('d/c.txt')
   'C:\\workplace\\d\\c.txt'
05 >>> files.extractall()
06 >>> files.close()
```

程式說明：

- **第 1 行**：匯入 zipfile 模組。

- **第 2 行**：利用 **ZipFile()** method 開啟一個 zip 檔案，會傳回一個 zipfile 物件，我們將它指派給 files 變數，後續就可以用 files 來進行壓縮相關操作。第 2 行 建立 zipfiles 物件時，如果看到了 FileNotFoundError 的錯誤訊息，表示 **ZipFile()** 裡面的路徑指錯了。

- **第 3 行**：成功建立好 zipfile 物件後，執行 **namelist()** 可以列出壓縮檔的內容，我們可以看到壓縮檔中有「a.txt」、「b.txt」和放在「d」資料夾中的「c.txt」。

- **第 4 行**：想解壓縮特定檔案時，可以使用 **extract()**，並在參數的位置填入檔案名稱，Python 就會幫我們解壓縮，並顯示該檔案解壓縮後的存放位置。本例所傳入 **'d/c.txt'** 參數就是指 d 資料夾中的 c.txt 檔案。

> **★ 編註** 再次提醒，「\」符號在 Python 字串中有特殊意義，必須寫成「\\」或「/」來分隔資料夾。本書一律用「/」比較省事，現在你應該知道為什麼第 4 行的輸出結果 Python 會寫成 \\ 了。

★ 小編補充 修改 Spyder 互動式 Shell 的工作資料夾

如果您執行完第 4 行的 extract() 後，顯示的解壓縮位置是在其他地方 (Spyder 預設是在設定在 'C:/User/ 使用者名稱 ' 內)，可以照著以下的設定，將 Spyder 預設的工作資料夾修改成本例的 C:/workplace，如此一來解壓縮後的檔案就會存在 C:/workplace 裡面：

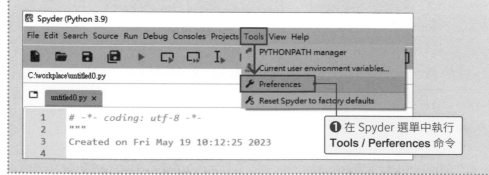

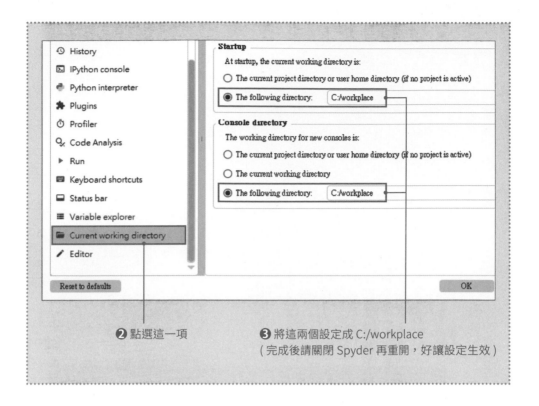

❷ 點選這一項　❸ 將這兩個設定成 C:/workplace
（完成後請關閉 Spyder 再重開，好讓設定生效）

● **第 5 行**：若想解壓縮所有檔案，可以使用 **extractall()** 這個 method。執行後不會顯示任何訊息，但只要沒有出錯，壓縮檔的內容就通通被解壓縮到 C:/workplace 資料夾了。

● **第 6 行**：照例，操作完 zipfile 物件後，最後記得要執行 **close()** 把物件關閉，結束整個操作。

　　除了解壓縮外，zipfile 模組當然也可以幫我們壓縮檔案，只要選用適當的 method 即可。不過 zipfile 模組的操作細節不是本節的重點，本節主要是帶您感受一下無論處理什麼類型的檔案，做法就是選用適當的模組建立一個檔案物件，然後再操作這個物件的 method 來做處理，就這麼單純！

◆ 小編補充 不知道該用哪個模組？
請 ChatGPT 提示並解釋模組的用法

想用 Python 的模組或套件處理各類型檔案，前提當然是**您得先知道什麼檔案該用什麼模組**。以往想知道的話通常得上網搜尋、或觀摩別人的範例，目前最快的做法就是把你的需求直接告訴 ChatGPT：

我想用 python 處理 zip 檔案，可以用什麼模組

在 Python 中，可以使用內建的 `zipfile` 模組來處理 ZIP 檔案。以下是一些基本的使用方式：

解壓縮一個 ZIP 檔案：

```python
import zipfile

with zipfile.ZipFile('檔案路徑.zip', 'r') as zip_ref:
    zip_ref.extractall('解壓縮目標資料夾')
```

> 這些我們剛剛才學過！

這段程式碼會將指定的 ZIP 檔案解壓縮到指定的資料夾。

創建一個 ZIP 檔案：

```python
import zipfile

with zipfile.ZipFile('檔案路徑.zip', 'w') as zipf:
    zipf.write('要壓縮的檔案路徑', arcname='壓縮檔案中的名稱')
```

我想用 python 處理 excel 檔案，可以用什麼模組

—— 改問 Excel 檔案看看

在 Python 中，常用來處理 Excel 檔案的模組有幾個，包括 `pandas`、`openpyxl`、`xlrd`、`xlwt`、和 `xlsxwriter` 等。以下我會提供 `pandas` 與 `openpyxl` 兩種方法的例子：

1. `pandas`：Pandas 是一個強大的資料處理函式庫，其中也提供讀取和寫入 Excel 檔案的功能。

讀取 Excel 檔案：

用了一個還沒學過的 pandas 套件

```python
import pandas as pd

df = pd.read_excel('檔案路徑.xlsx')
```

雖然 pandas 套件我們還沒學過，但應該不難看出來這一行是讀取 一個 .xlsx 的 Excel 檔，然後轉換成一個 Excel 檔案物件，最後綁定到名為 df 的變數，跟前面的概念都一樣啦！至於模組怎麼用這些細節再慢慢學就好

這段程式碼會將 Excel 檔案讀取成一個 DataFrame 物件。

寫入 Excel 檔案：

```python
import pandas as pd

df = pd.DataFrame({'A': ['foo', 'bar', 'baz'],
                   'B': [1, 2, 3]})

df.to_excel('檔案路徑.xlsx', index=False)
```

上述兩個問題詢問了不同類型檔案的處理，ChatGPT 回答了該用什麼模組，也提供了一些範例程式。這些程式在您還沒接觸該模組前，看不太懂是正常的，之後有需要用這些模組時，當然也可問 ChatGPT：

Q

「我想用 XXX 模組做某某事，可以用哪個 method ？」

Q

「Python XXX 模組的某 method 如何使用？」

當您跟著本書逐步打穩基礎後，就算 ChatGPT 所生成的程式您一時看不懂，但一定可以像上圖的例子一樣，至少可以了解程式的邏輯，程式功力就是這樣一點一滴累積起來的！

4-3

例外狀況處理

例外 (exception)

當我們執行程式後，Python 會先全面檢查語法，如果是語法錯誤 (Syntax Error)，例如 if 後面忘了加冒號、或是 print 沒加小括號，例如寫 print 1，那麼只要修正語法即可。這種情況，我們學習至今應該已經很熟悉了。

不過，即便語法沒問題，不能保證一切 OK 喔！就算語法 OK，但萬一執行過程中發生程式無法處理的錯誤，一樣無法得到我們要的結果。例如，想用程式開啟的檔案不存在時，當然就會出問題，此時 Python 就會產生一個**例外 (Exception)**，例外說白了就是一種錯誤，而且我們在前面 4-5 頁就遇過了：

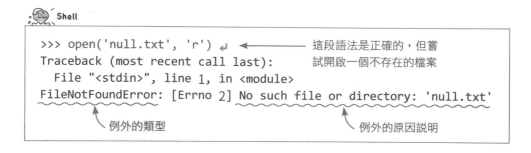

Shell

```
>>> open('null.txt', 'r') ↵          ← 這段語法是正確的，但嘗
Traceback (most recent call last):      試開啟一個不存在的檔案
  File "<stdin>", line 1, in <module>
FileNotFoundError: [Errno 2] No such file or directory: 'null.txt'
```

例外的類型   例外的原因說明

又或者，假設您之後程式功力進步，設計了一個需要使用到網路的程式，程式本身沒什麼問題，但使用者卻可能因為家裡的網路故障而無法執行這個程式，此時這個程式執行後也會遇到例外。

對於有經驗的程式設計者來說，能夠事先想到可能發生例外的地方，提前撰寫好「發生例外時該如何處理」的程式是最棒的。例如當使用者的網路不通時，可以在畫面上顯示「網路不通，請檢查！」之類的訊息，然後等待使用者按下「重試」鈕之後再繼續執行。

★ TIP 「例外」狀況有很多種類型，Python 官網 (**https://docs.python.org/zh-tw/3/library/exceptions.html**) 提供了完整的說明，當您碰到 XXXXError 的訊息，不太清楚時可以參閱官網的說明。

 ## 例外處理的語法

為了避免程式因發生例外而被終止，我們可以在有可能出錯的地方，用 **try...except...** 語法來捕捉例外並加以處理。其語法如下：

語法

```
try :
 tab  可能發生例外的程式區塊
except :
 tab  例外處理的程式區塊
```

簡單說就是當 try: 區塊中的程式發生任何例外時，就直接跳到 except: 區塊去處理。

▲ 要盡可能捕捉例外避免程式錯誤

 演練：建立檔案不存在的例外處理

來試個範例吧！前面我們嘗試過當 open() 開啟的檔案不存在，就會產生 FileNotFoundError 例外，我們來試試用 try/except 處理檔案不存在的例外，如下所示：

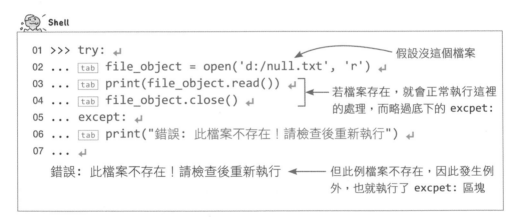

```
01 >>> try:
02 ...  tab  file_object = open('d:/null.txt', 'r')
03 ...  tab  print(file_object.read())
04 ...  tab  file_object.close()
05 ... except:
06 ...  tab  print("錯誤：此檔案不存在！請檢查後重新執行")
07 ...
    錯誤：此檔案不存在！請檢查後重新執行
```

假設沒這個檔案

若檔案存在，就會正常執行這裡的處理，而略過底下的 excpet:

但此例檔案不存在，因此發生例外，也就執行了 excpet: 區塊

程式說明：

- **第 1～4 行**：try 程式區塊撰寫了「開檔、讀檔、和關檔」的程式，如果檔案不存在，執行到第 2 行的 open() 函式之後就會丟出 FileNotFoundError 例外。

- **第 5～6 行**：except 程式區塊撰寫了例外發生時要如何處理，這裡是印出一個自訂的訊息。

顯示詳細的例外訊息

前一個範例的例外是在背景發生的，我們從頭到尾沒看到，如果在 except: 區塊中如下撰寫，則可以將例外的內容捕捉下來，要印出來看也可以：

語法

```
try :
 tab  可能發生例外的程式區塊
except Exception as e:  ←── 這樣寫可以把捕捉到的例外內容指派給 e 變數
                              （用任何變數名稱都可以，但習慣上會用 e）
 tab  例外處理區塊
 tab  print(e)  ←── 加上這一行就可以把例外的內容印出來
```

Shell

```
01 >>> try: ↵
02 ...  tab  file_object = open("d:/null.txt", "r") ↵
03 ...  tab  print(file_object.read()) ↵
04 ...  tab  file_object.close() ↵
05 ... except Exception as e: ↵  ←── 把前面的範例改成這樣
06 ...  tab  print("錯誤：此檔案不存在！請檢查後重新執行") ↵
07 ...  tab  print(e) ↵  ←── 再加這一行把 e 變數的內容印出來
08 ... ↵
                                          顯示 e 變數
                                          （例外的原因）
   錯誤：此檔案不存在！請檢查後重新執行
   [Errno 2] No such file or directory: 'c:/python.txt' ←──
```

> **★小編補充** 將例外的內容印出來有個好處，有時例外發生的原因不見得是我們預想的那樣，若上面 try: 區塊中若存在其他例外（或語法錯誤），例如不小心把 open() 拼成 opne()，此時因為錯誤發生了（雖然不是我們所預設的 FileNotFoundError），但仍觸發了「**遇例外錯誤就執行 excpet: 區塊**」，因此同樣會印出 '**錯誤：此檔案不存在！請檢查後重新執行**'，為了避免這種情況，測試時把例外內容印出來確認會比較保險一點。

請 ChatGPT 幫忙生成「例外處理」的程式

「例外處理」考驗著撰寫程式的思慮是否夠縝密，不過，剛開始學 Python 難免經驗不足，「嗚～我考慮不到那麼多啦！」、「我甚至連有哪些例外都還不知道…還得上官網查…」哈！這時候搬出 ChatGPT 大神最適合，我們可以給一個範例，然後請 ChatGPT 替這個範例程式加上例外處理的內容（註：每個人生成的程式不一定會相同）：

Q

請幫我針對底下程式寫一段例外處理

```python
file_object = opena ('c:/python.txt', 'r')
print (file_object.read())
file_object.close()
```

 在 Python 中，當開啟檔案時可能會發生各種例外（如檔案不存在、權限不足等）。為了避免這些問題導致程式停止運作，我們可以使用 `try`/`except` 語句來進行例外處理。以下是你的程式碼加上例外處理的版本：

```python
python                                          📋 Copy code

try:
    file_object = open('c:/python.txt', "r")
    print(file_object.read())
    file_object.close()

except FileNotFoundError:
    print("檔案不存在")

except PermissionError:          這個 PermissionError 例
    print("權限不足")             外沒查之前不會知道，
                                 ChatGPT 直接幫我們寫好
except Exception as e:
    print("讀取檔案時發生未知錯誤：", e)
```

這段程式碼會先嘗試開啟檔案並讀取內容。如果檔案不存在，則會捕獲 `FileNotFoundError` 並印出 "檔案不存在"；如果權限不足，則會捕獲 `PermissionError` 並印出 "權限不足"；如果發生其他未知錯誤，則會捕獲一般的 `Exception`，並印出錯誤訊息。

↻ Regenerate response

而我們也從 ChatGPT 的回答學到了「補捉特定例外」的語法，如下：

語法

```
try:
tab 可能發生例外的程式區塊
except 例外類型 1：
tab ... 發生例外 1 時的處理程式
except 例外類型 2：
tab ... 發生例外2 時的處理程式
except 例外類型 3：
tab ... 發生例外 3 時的處理程式
```

例如這裡補捉 3 種特定的例外

意思就是我們可以加入「多個」 **except:** 區塊，每個 except 負責捕捉特定的例外類型，例如前一頁 ChatGPT 所生成的程式中，就幫我們檢查了 FileNotFoundError、PermissionError，以及這兩者以外的其他錯誤。

當然，Python 有近 30 個內建的例外 (**docs.python.org/3/library/exceptions.html**)，如果想覺得不夠想再補強，可以繼續詢問 ChatGPT：

Q 還有其他種例外嗎，幫我考慮愈詳細愈好

Q 幫我把 python 所有例外情況都加到這段程式（能加就加）

只不過依小編測試，ChatGPT 仍只會列出幾個常見的例外情況（ 編註： 不夠的話您可以繼續煩 ChatGPT ☺），但這樣的做法已經比自己去官網查、然後一個一個撰寫 except: 快多了！

MEMO

Python 最強功能：
第三方套件

前面已經學到了 Python 的基礎知識，接著就要探索 Python 最有趣的部份了！Python 最強的功能，就是它可以安裝數以千計、由 Python 愛好者所開發的免費**第三方套件**，本章將帶您體驗幾個有趣的範例。5-1 節會先簡介第三方套件的用法，5-2 ～ 5-4 節則是不同套件的演練範例，這幾節各自獨立，讀者可以挑有興趣的部分來實作，您會體驗到「短短幾行程式就幫我們完成複雜工作」的爽快感喔！

5-1 重溫：內建函式 vs 標準函式庫 vs 第三方套件 3 個名詞

Python 內建了最常用的函式，例如 print()，type()、len() 等，這些**內建函式**都可以直接使用，而不需要先 import。

標準函式庫是在安裝 Python 時就會一併安裝的模組或套件，這些都是多數人經常會用到的功能。使用前必須先 **import** 到程式中才能用，例如第 1 章的 calendar 模組、第 4 章的 zipfile 模組都是標準函式庫的內容。

第三方套件則是由第三方（非官方）所提供的套件，其數量比標準函式庫更龐大，應用也更廣泛。不過由於可能只有特定需求才會需要，因此安裝 Python 時並不會內建，使用前必須先用 **pip** 指令進行安裝（本節後面會介紹），然後才能 import 到程式中使用。

程式來源	要先安裝	要先 import
內建函式	X	X
標準函式庫	X	O
第三方套件	O	O

★**編註** 有些常用的第三方套件，在安裝 Anaconda 時也會先幫我們安裝好，可以省去安裝的步驟，例如後面 5-3 節的 requests 套件及 5-4 節的 BeautifulSoup 套件都不用再手動安裝。

第三方套件的安裝方式

要安裝三方套件來用，第一步當然是先確認要用的套件名稱，用「Python +
用途」例如 **Python 影像處理**、**Python 繪製圖表** ... 等等去 Google 搜尋通常就
可以看到高知名度套件的介紹文章。

 **★ 小編補充** **請 ChatGPT 推薦第三方套件**

不過在搜尋引擎盲目搜尋比較沒效率，最方便的還是請 ChatGPT 答出明確
的套件名稱，依小編的使用經驗，ChatGPT 所回答的都還滿到位，基本上都
是很知名、值得深入學習的第三方套件：

 Q

最多人用的 Python 影像處理套件是哪一套？

影像處理方面，OpenCV 跟 Pillow 都很多
人用，下一節會帶您演練 Pillow 的用法

 目前最流行且最常被用於影像處理的 Python 套件大概是 OpenCV (Open Source Computer
Vision Library)。OpenCV 是一個專為實時電腦視覺而設計的非常完整的庫，包含了很多通用
的圖像處理算法，這些算法可以用來處理、轉換和操縱影像。此外，OpenCV 也具有深度學
習模組，能夠與其他深度學習框架如 TensorFlow 或 PyTorch 等相互配合。

除此之外，Pillow（Python Imaging Library，PIL 的後續版本）也是常見的一個用於處理圖像
的套件。Pillow 套件主要用於開啟、操作和儲存不同格式的圖像資料。其功能包括基本圖像
處理功能如剪裁、旋轉、調整大小、圖像濾波等。

還有一個 Scikit-image 套件，它是用於影像處理的專門工具。與 OpenCV 相比，它的接口可
能更加 Pythonic，並且更容易與其他的 SciPy 生態系統套件如 NumPy、SciPy 等整合。這對
於做科學計算和數據分析的人來說是一個很大的優勢。

以上三者都是 Python 的主要影像處理套件，具體使用哪一個，可能需要根據具體的應用需求
來決定。

Q 最多人用的 Python 繪製圖表套件是哪一套？

— 繪圖方面，Matplotlib、Seaborn、
Pandas 也都是響叮噹的套件

Python 中最受歡迎且最常被用於繪製圖表的套件是 Matplotlib 。 Matplotlib 提供了大量的工具來生成各種二維圖像，包括曲線圖、直方圖、散點圖、等高線圖等等。它也有一定的三維繪圖能力。Matplotlib 的 API 非常靈活，可以用來製作出非常複雜和美觀的視覺化效果。

此外，另一個常用的套件是 Seaborn ，它是建立在 Matplotlib 之上的，提供了一些更高級的介面，以便更方便地創建一些複雜的統計視覺化。Seaborn 的優點是它可以直接與 pandas 的 DataFrame 對象交互，並且它的設計原則是"儘可能地讓默認的東西看起來更好"。

Pandas 也有一些基本的繪圖功能。雖然它的繪圖功能不如 Matplotlib 和 Seaborn 強大，但是對於快速檢查數據或者做一些簡單的視覺化來說，它非常方便。

最後，Plotly 是一個非常強大的互動式視覺化庫。使用 Plotly，你可以創建一些可以在網頁上直接交互的圖表，比如鼠標懸停時顯示更多信息，或者點擊來過濾和鑽取數據等等。它同樣支持很多種不同類型的圖表，並且有很高的自定義能力。

以上都是非常受歡迎的 Python 繪製圖表套件，具體使用哪一個，可能需要根據具體的應用需求來決定。

　　知道套件名稱後要怎麼安裝呢？很簡單，在 Winodws **命令提示字元**這類的 command line 工具中，用 Python 內建的 **pip** 指令就可以安裝（**編註：** Mac 上的指令是 pip3，使用 Mac 的讀者請改用 pip3)。

　　Python 3.4 之後的版本都會內建 pip 指令，這個指令會幫我們連到 **PyPI** (Python Package Index) 這個網站 (**https://pypi.org/**) 找到指定的第三方套件來安裝。PyPI 是 Python 第三方套件的彙整網站，目前已收錄超過 30 萬個套件。

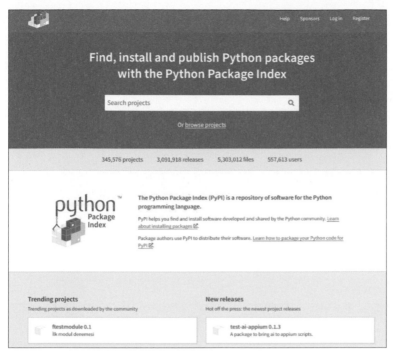

▲ PyPI 的首頁

♦ pip 指令的安裝示範

用 pip 安裝第三方套件的指令如下：

切記，凡是 pip 指令都要在 command line
工具內執行（本書以粉色框表示）

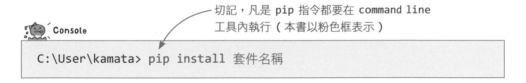

```
C:\User\kamata> pip install 套件名稱
```

執行後，pip 就會透過網路連到 PyPI 網站找到指定的套件，開始進行安裝。

我們來試著安裝一個後面會用到的第三方套件吧！前面提到，有些常用的第三方套件，在安裝 Anaconda 時也會幫我們安裝好，至於怎麼知道是否已經安裝，最快的方法就是在互動式 Shell 裡面 import 看看。如果 import XXX 後顯示 **ModuleNotFoundError: No module named 'XXX'**，就表示還沒安裝，Python 沒找到啦！

請開啟 Winodws **命令提示字元**這類的 command line 工具，我們來安裝名為 wikipedia 的第三方套件：

❶ 輸入安裝指令，之後按下 [Enter]

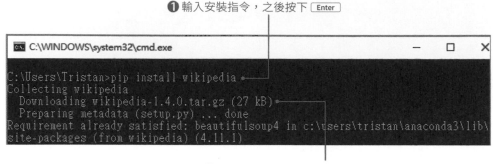

❷ 通常什麼也不用做，靜待安裝結束就可以了

❸ wikipedia 套件安裝完成，
會顯示安裝的版本 (通常是最新版)

◆ 小編補充　再次提醒，pip install XXX 是要在 command line 工具裡面輸入、執行喔！並不是 Spyder 裡面，如果在 Spyder 裡面執行則可能出現「SyntaxError: invalid syntax」的錯誤訊息，表示執行了一段 Python 認不得的語法，這就表示操作的地方錯了！請改在 command line 工具執行，如上面兩張圖是在 Windows 的**命令提示字元**工具執行：

→ 接下頁

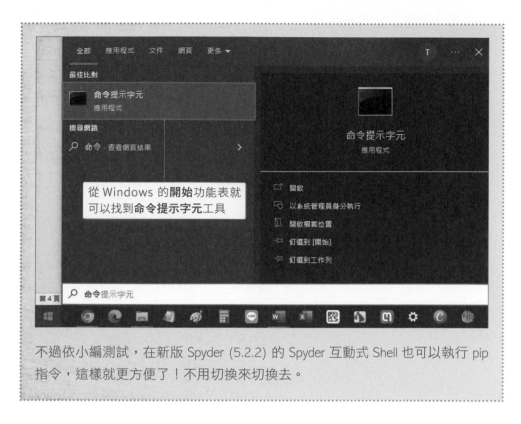

從 Windows 的**開始**功能表就可以找到**命令提示字元**工具

不過依小編測試，在新版 Spyder (5.2.2) 的 Spyder 互動式 Shell 也可以執行 pip 指令，這樣就更方便了！不用切換來切換去。

想移除某第三方套件時，只要將 pip 後面改成 **uninstall** 就可以了：

 Console

```
C:\User\kamata> pip uninstall 想移除的套件名稱
```

若想查詢某個套件的詳細資訊時 (例如版本)，用 **pip show** 指令來查即可：

 Console

```
C:\User\kamata> pip show 想查詢的套件名稱
```

◆ 小編補充 不要小看查套件版本這件事喔！往後您使用任何套件若遇到「我明明都照著做怎麼就是失敗」這種惱人的情況，其中可能的原因就是用到舊的版本喔，此時得就查版本 (pip show) → 移除 (pip uninstall) → 重裝新的版本。

例如查詢 5-2 節會用到的「Pillow」的詳細資訊時，結果如下：

```
pip show Pillow

Name: Pillow
Version: 9.2.0              套件的詳細資訊，通常會想
Summary: Python Imaging Library(Fork)    查的就是版本 (Version)
Home-page: https://python-pillow.org
Author: Alex Clark (PIL Fork Author)
Author-email: aclark@python-pillow.org
License: HPND
Location: c:\users\tristan\anaconda3\lib\site-packages
Requires:
```

最後，若想確認電腦上安裝了哪些套件，執行 **pip list** 即可：

Console

```
C:\User\kamata> pip list
```

```
C:\Users\Tristan>pip list
Package                    Version
----------------------------------
aiohttp                    3.8.4
aiosignal                  1.3.1
alabaster                  0.7.12
anaconda-client            1.11.0
anaconda-navigator         2.3.1
anaconda-project           0.11.1          列出所有安裝
anyio                      3.5.0           的套件
appdirs                    1.4.4
argon2-cffi                21.3.0
argon2-cffi-bindings       21.2.0
arrow                      1.2.2
astroid                    2.11.7
```

5-2

用 Python 做影像處理

Pillow 套件

這一節就開始用 Python 第三方套件撰寫程式，這可以說是撰寫 Python 程式的真正起點，您可以體驗到如何用 Python 完成一些應用，而不只是語法的演練，請從中享受撰寫程式的樂趣吧！

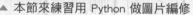

▲ 本節來練習用 Python 做圖片編修

　　我們先從圖片（影像）處理開始，我們來試試替圖片套用濾鏡效果、進行旋轉 ... 等操作，這裡要使用 **Pillow** 這個第三方套件。

★編註 您可能會想，用程式處理圖片？為什麼不用圖片編輯軟體就好呢？當我們需要批量處理數百甚至數千的圖片，用編修軟體一張張處理光想就累，如果學會撰寫程式自動處理圖片，無論要處理數量有多少，用程式就可以一次完成。此外，像人臉識別、自駕車、醫學影像分析…等熱門應用都需要使用程式來處理圖片，影像處理可說是當紅的程式應用領域喔！

匯入 Pillow 套件

我們在安裝 Anaconda 時就會一併安裝好 Pillow，不用再手動安裝，可以直接在互動式 Shell 裡面 import 看看：

> **★TIP** 讀者可能覺得奇怪，為什麼 import 的不是 Pillow 而是 PIL 這個名稱呢？PIL (Python Imaging Library) 算是 Pillow 的前身，不過 PIL 在多年前就停止維護了，之後有熱心人士繼承了 PIL 的程式碼開發出 Pillow。而 Pillow 也沿用了 PIL 的套件名稱，這樣一來之前用 PIL 撰寫的程式就可以不用修改。

如果 import 時出現以下錯誤訊息，通常就是 Pillow 還沒有裝好：

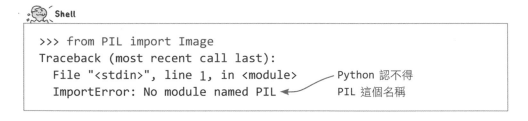

此時就請在命令提示字元工具執行 **pip install Pillow** 進行安裝。確認安裝好並 import 之後，我們就試著用 Pillow 做一些圖片的處理。

 ## 建立圖片物件

首先請自行準備一張練習用的彩色圖片，本書是使用如下的照片來示範，讀者可以從書附下載檔找到「**Ch05\5-2 節 \flower.jpg**」範例圖，將 flower.jpg 複製到 Spyer 的工作目錄 C:/workplace 內（編：請記得先參考 4-14 頁的介紹修改 Spyer 的工作目錄喔！）

▲ 範例圖片（讀者可也可以拿手邊自己的彩色照片來操作）

首先利用程式來讀取圖片並顯示在螢幕上：

注意 I 是大寫

```
01 >>> from PIL import Image ↵
02 >>> image = Image.open('flower.jpg') ↵
03 >>> image.show() ↵
```

用 Image 模組的 open() 函式建立圖片物件

顯示圖片（編註：會用電腦上預設的看圖軟體開啟）

程式說明：

● 第 1 行：匯入 Pillow 套件的 Image 模組。

● 第 2 行：讀取要處理的圖片檔，會建立一個圖片物件，我們把它指派給 image 變數。

● 第 3 行：利用圖片物件的 show() method 在螢幕上顯示圖片。

> 編註：之後我們要對圖片做各種處理，就是利用這個**圖片物件**的各種 method，跟第 4 章操作**檔案物件**的概念一模一樣喔！

替圖片換色

圖片的 RGB 色彩 3 原色指的是紅色 (**R**ed)、綠色 (**G**reen) 和藍色 (**B**lue) 3 個顏色通道 (channel)，我們在螢幕上看到的色彩都是這 3 個顏色以一定比例混合出來的。要替圖片換色，其實就是修改 RGB 3 原色的配置，我們來試試讓圖片的藍色和紅色互換：

 Shell

```
01 >>> from PIL import Image ↵        將圖片的
02 >>> image = Image.open('flower.jpg') ↵    3 原色分離        重組顏色，從原本
03 >>> red, green, blue = image.split() ↵                     RGB 的順序變成 BGR
04 >>> convert_image = Image.merge("RGB", (blue, green, red)) ↵
05 >>> convert_image.show() ↵  ←—— 顯示換色後的圖片
06 >>> convert_image.save('rgb_to_bgr.jpg') ↵  ←—— 另存成新的圖片
```

輸出

▲ 原圖（flow.jpg）　　　　　▲ 換色後（rgb_to_bgr.jpg）

程式說明：

● **第 3 行**：使用了圖片物件的 **split()** 來分離 RGB 三個顏色通道的資料，分離後的結果則分別指派給 red、green、blue 三個變數。

★ 小編補充 第 3 行程式用了之前沒介紹過的**多重指派** (multiple assignment) 變數的技巧，意思就是把 split() 的運算結果一次指派給 red、green、blue 這 3 個變數。那 split() 的運算結果又是什麼？很簡單，先不指派變數，單獨執行一次 **image.split()** 就知道了：

→ 接下頁

```
Shell
>>> image.split() ↵
(<PIL.Image.Image image mode=L size=800x533>,
 <PIL.Image.Image image mode=L size=800x533>,    ←── 疑？這是什麼？
 <PIL.Image.Image image mode=L size=800x533>)
```

結果看起來有點花，試著用 3-3 節學過的 type() 函式看一下它是什麼型別的資料：

```
Shell
>>> type(image.split()) ↵
tuple
```

原來是個 tuple，不很清楚 **PIL.Image.Image image mode=L...**那一長串的內涵不要緊，至少我們現在知道 image.split() 傳回的是一個具有 3 個元素的 tuple，（其實各元素就是各顏色通道的資料啦！），然後第 3 行程式就是把這 3 個元素分別指派給 red、green、blue 這 3 個變數。

現在您應該更清楚為什麼第 2 章要學串列、tuple、字典…這些有的沒的資料型別了吧，它們是最基礎的！很多套件的函式就會設計成以各種型別來存放傳回值，因此當然得認得這些型別啦！不然不會知道後續該怎麼處理。

● **第 4 行**：使用 **merge()** 重新組合這 3 個顏色來產生新的圖片。這裡的重點在於 merge() 的第 2 參數，傳入了 **(blue, green, red)** 這個 tuple，留意一下原本 RGB 的順序是 (red、green、blue)，而第 2 參數將最前面的 red 和最後面的 blue 對調，改成 (blue, green, red) 的順序，這樣就能讓圖片的藍色和紅色互換。

● **第 5 行**：使用 **show()** 將新圖片物件 convert_image 顯示出來，看到圖片中紅色和藍色互換就表示成功了。

● **第 6 行**：用 **save()** 將新圖片物件另存成另一張圖片 rgb_to_bgr.jpg，圖片換顏色大功告成！

一開始根本不知道怎麼處理換色怎麼辦？
把需求提供給 ChatGPT 生成程式！

前面清楚看到，換色處理需要一些影像處理的概念，如果從沒接觸過，可能一開始連轉換顏色都會困倒您，「**我哪知道一開始要用 split()...然後再 merge()...**」。其實很多技巧都是觀摩而來的，例如您已經看過前面這個例子，就會對「先 split() 再 merge()」這樣的換色做法有印象。當然，學習剛起步所涉獵的範例一定不足，怎麼辦呢？別忘了現在我們有 ChatGPT 可以幫忙解答。

本例您可以試著這樣問 ChatGPT：「**使用 Pillow 套件，要怎麼把一張圖片從藍色變紅色？**」，但這樣問的方向可能有點廣，比較難預料 ChatGPT 會怎麼回答，可能容易生成超出您能理解的程式，沒關係先試試看：

Q

使用 Pillow 套件，要怎麼把一張圖片從藍色變紅色？

 若要使用Pillow套件將圖片中的藍色變成紅色，可以透過分析每個像素的**RGB**值來做到。以下是一個範例：

```python
from PIL import Image

def blue_to_red(image_path):
    img = Image.open(image_path)
    pixels = img.load()

    for y in range(img.height):
        for x in range(img.width):
            r, g, b = pixels[x, y]

            #若該點的藍色成分明顯超過紅色及綠色,我們便將之視為藍色
            if b > r and b > g:
                #將藍色分轉為紅色
                pixels[x, y] = (b, g, r)

    img.show()
```

> 看起來是用 for 迴圈「土法鍊剛」來換顏色

解法肯定不會只有一種，萬一 ChatGPT 提供乍看之下有點複雜的程式，您倒也不必花時間細究，還不確定程式可不可以用呢！應該先直接將程式複製到 Spyder 內執行看看。當然，程式裡面匯入圖檔的地方 (通常是 open() 函式啦！)，您一定要知道怎麼改成您自己的圖檔路徑喔！

如果程式執行失敗，也一時不知道怎麼請 ChatGPT 改，此時可以修正一下問法，先請 ChatGPT 列出可能的換色做法：

使用 Pillow 套件，要怎麼把一張圖片從藍色變紅色
--- 先不用提供詳細的解決，可以只列出可以用哪些函式，列出 5 點就好

加上這個需求

使用 **Pillow** 套件，可以透過下列方法來將一張圖片從藍色變紅色：

1. `Image.open()`：首先，需要打開您要修改的圖片。可以使用此函式來讀取圖片。
2. `image.convert()`：將圖像從一種色彩模式轉換為另一種。例如，可能需要將圖片轉換為"RGB"模式，以便可以對圖像的每一個像素進行操作。
3. `Image.split()`：這是一個可以將圖像拆分為單獨的通道的函式。例如，對於"RGB"模式的圖片，這會將圖像拆分為三個通道：紅色、綠色和藍色。
4. 像素操作：為了將藍色變為紅色，您需要對每個像素進行操作，可以對獲取的各通道數據進行操作，例如將藍色通道的數據設置為紅色通道的數據。
5. `Image.merge()`：當您修改了圖片的每個像素後，可以使用此函式將修改後的通道合併回去，得到最終的圖片。

ChatGPT 回答大致有這幾種做法

這樣就愈來愈越具體了，挑其中想知道的來問 ChatGPT 即可：

用 split() 怎麼做，請提供我範例程式

Pillow的 `split()`函數可以將圖像的三個通道（紅色、綠色、藍色）分離為三個單獨的圖像。這樣，你可以獨立操作每一個通道。然後你可以使用 `Image.merge()`函數將它們重新組合。

如果你要將藍色變成紅色，可以只簡單地在組合時將藍色通道和紅色通道互換。以下是示例代碼：

```python
from PIL import Image

def blue_to_red(image_path):
    img = Image.open(image_path)
    r, g, b = img.split() # 分離三個通道
    img = Image.merge("RGB",(b,g,r))# 將藍色通道和通道互換
    img.show()

blue_to_red("blue_image.jpg")
```

這種方法非常快速，但需要注意的是它將會改變所有藍色的成分，而不只是最主要的藍色成分。因此，它也可能影響到原本是紫色或青色的區域。

追問 split() 函式的做法後，ChatGPT 生成的程式跟本書類似，都看得懂！

▼ 完整程式如下

```
from PIL import Image
def blue_to_red(image_path):
    img = Image.open(image_path)
    r, g, b = img.split() # 分離三個通道
    img = Image.merge("RGB",(b,g,r)) # 將藍色通道和通道互換
    img.show()
blue_to_red("blue_image.jpg")
```

　　由此可知問法很重要！如果提供給 ChatGPT 的問句太廣泛，它所提供的解法可能就會五花八門，什麼沒聽過的套件也拿來用，那傷腦筋的就是您了。萬一跟 ChatGPT 耗很久還是沒解法，建議可以開新的對話重新來過。

將圖片轉換成黑白 / 灰階圖片

接著我們來介紹 Pillow 的 **convert()** method，分別用它產生黑白圖片以及灰階圖片，只要在 convert() 裡面傳入適當的轉檔參數就可以了。先來看怎麼轉成**黑白**圖片：

Shell

```
>>> from PIL import Image ↵
>>> image = Image.open('flower.jpg') ↵
>>> black_and_white = image.convert('1') ↵  ← 數字 '1' 模式就表示
                                               要轉換成黑白圖片
>>> black_and_white.show() ↵  ←——— 顯示轉換後的黑白圖片
>>> black_and_white.save('b_and_w.jpg') ↵  ←——— 另存成新圖片
```

5
▼
Python 最強功能：第三方套件

> **★小編補充** 只有黑色、白色的圖片稱為 Binary image，意思是每個像素的值非黑即白，黑的像素值是 255，白的像素值是 0。那為什麼 convert() 的參數值要寫 **'1'** 呢？因為黑白照片的像素值只有兩種狀態，更多時候您會看到「0（黑色）和 1（白色）」這種說法，因此就取 '1' 來表示黑白模式了。

▲ 轉換後的黑白圖片　（b_and_w.jpg）

如果將圖片放到最大，應該會看到圖片是由黑色和白色的方塊（像素）組成：

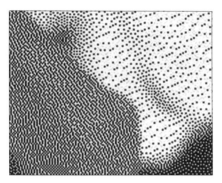

▲ 將圖片局部放大

接著來試試轉換成**灰階**圖片，灰階是以白色到黑色各種明暗漸層來呈現圖片，各像素值根據不同明亮度 (Luminance) 在 0（黑）到 255（白）之間。因此在 covert() 內傳入 **'L'** 模式 (Luminance 的 'L') 就可以轉成灰階圖片了：

Shell

```
>>> from PIL import Image
>>> image = Image.open('flower.jpg')
>>> gray_image = image.convert('L')  ◀─── 用 'L' 模式轉檔
>>> gray_image.show()  ◀─── 顯示灰階圖片
>>> gray_image.save('gray_image.jpg')  ◀─── 另存新檔
```

▲ 轉換後的灰階圖片（gray_image.jpg）

旋轉圖片

想要旋轉圖片的方向，可以使用 Pillow 的 **transpose()** method。

> ★ **小編補充** 在 AI 影像辨識專案中，為了提高模型的辨識準確率，就得解決訓練圖片量不足的問題，而為了增加圖片的數量，會對既有圖片做影像平移、旋轉…等調整，然後另存成新圖片來使用，這在機器學習領域稱為**資料擴增** (Data Augmentation)，是非常重要的技巧。

Shell

```
01 >>> from PIL import Image
02 >>> image = Image.open('flower.jpg')
03 >>> image.transpose(Image.ROTATE_90).show()
04 >>> image.transpose(Image.ROTATE_90).save('rotate_90.jpg')
```

將圖片旋轉 90 度
（ 編註：注意這一行做了很多事，見底下說明 ）

將旋轉 90 度的圖片另存新檔

▲ 圖片旋轉 90 度

> ★ **譯註** 由於 transpose() 會傳回旋轉後的 Image 物件，所以後面才可以再串接 .show() 將之顯示出來。請注意！只有當前面的方法會傳回物件時，後面才可以串接該物件的方法來接續執行。至於如何知道傳回的是不是物件，很簡單，用 type() 查詢就可以了，例如這裡把 image.transpose(Image.ROTATE_90) 這一長串傳入 type()，若執行後顯示的是 PIL.Image.Image，就是 Image 物件。

程式說明：

● **第 3 行**：這一行試了一個比較進階的寫法，在用 image 物件執行完 transpose() 後，這次沒有多寫一行把轉換後的結果指派給新變數，而是直接在 transpose() 後面接了一個「**.show()**」。這樣的寫法可以用一行程式同時完成「**轉換圖片、顯示圖片**」2 項處理，減少程式碼的數量。

ChatGPT 萬能程式顧問

對 method 的參數不熟？請 ChatGPT 整理給你

補充一點，上一頁的範例中是在 transpose() 傳入 Image.ROTATE_90 參數，像這種情況想要知道某 method 有哪些參數可以用，以往可能要 Google 搜尋老半天，現在直接詢問 ChatGPT 最快：

Pillow 的 transpose() 可以傳入哪些參數，請整理成表格給我

可以請 ChatGPT 整理成表格比較好閱讀

 `Image.transpose()` 是 Pillow 中用於旋轉或翻轉圖片的函數。下表列出了可以傳的參數及其效果：

參數名稱	效果
`Image.FLIP_LEFT_RIGHT`	從左到右翻轉圖片，也就是進行水平翻轉。
`Image.FLIP_TOP_BOTTOM`	從上到下翻轉圖片，也就是進行垂直翻轉。
`Image.ROTATE_90`	將圖片順時針旋轉90度。
`Image.ROTATE_180`	將圖片順時針旋轉180度。
`Image.ROTATE_270`	將圖片順時針旋轉270度。
`Image.TRANSPOSE`	等同於 `Image.ROTATE_90` 加上 `Image.FLIP_LEFT_RIGHT`。
`Image.TRANSVERSE`	等同於 `Image.ROTATE_270` 加上 `Image.FLIP_LEFT_RIGHT`。

例如，如果要將一張圖片逆時針旋轉90度，可以這樣做：

可用的參數一清二楚

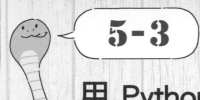

5-3

用 Python 存取網路資源

requests 套件

我們可以用 Python 自動在網路收集資料或與網站互動。**requests** 就是一個可以存取 Web 資源的套件,使用 requests 我們可以用簡單幾行程式就達成網路探索的目的。

 ### 認識 requests 套件

當我們使用瀏覽器來瀏覽網站時,瀏覽器都是以 HTTP 協定來與網站伺服器做溝通,requests 套件就打著「**HTTP for Humans**」的標語,可以讓我們輕鬆用 Python 程式來存取各種網路資源。

requests 在第 1 章安裝完 Anaconda 時就會幫我們安裝好了,不必再手動安裝,先來練習一些基本的操作方式。我們要用 Python 連上某個網址,然後顯示網頁的內容。請啟動互動式 Shell,輸入並執行以下程式:

Shell

```
01 >>> import requests ↵
02 >>> r = requests.get('https://tw.yahoo.com/') ↵
03 >>> print(r.text) ↵
                <script type="text/javascript">
        if (YAHOO && YAHOO.i13n && YAHOO.i13n.Rapid) {
            var rapidEarlyConfig = rapidPageConfig.
rapidEarlyConfig;
            YAHOO.i13n.YWA_CF_MAP = rapidPageConfig.ywaCF;
            YAHOO.i13n.YWA_ACTION_MAP = rapidPageConfig.
ywaActionMap;
            YAHOO.i13n.YWA_OUTCOME_MAP = rapidPageConfig.
ywaOutcomeMap;
            YAHOO.i13n.rapidInstance = new YAHOO.i13n.
Rapid(rapidEarlyConfig);
        }
```

呃,
結果是 ...

→ 接下頁

```
        </script>
    <script type="text/javascript">
    if (YAHOO && YAHOO.i13n && YAHOO.i13n.rapidInstance) {
            window.rapidInstance = YAHOO.i13n.rapidInstance;
            window.rapidInstance.addModulesWithViewability({"appl
et_p_50000444":"nav","applet_p_50000287":"featurebar","applet_
p_50000314":"strm","applet_p_50000313":"strm","applet_
p_50000469":"annual-deal","applet_p_50000470":"annual-
deal","applet_p_50000471":"annual-deal","applet_
p_50000504":"gemini","applet_p_50000438":"tv","applet_
p_50000398":"app-bhpromo"});
(以下略)
```

　　成功執行後，看到了一大～～～串看不太懂的文字，先不用管，我們看一下前頁的每一行程式在做什麼。

程式說明：

● **第 1 行**：匯入 requests 套件。依經驗常常會忘記輸入 requests 最後面的 **s**。如果執行後出現「此名稱尚未定義」錯誤訊息，請確認 requests 是否輸入正確：

　　　　　　　　　　　　　　　　　　┌─ 最後面漏加 s！
　　　　　　　　　　　　　　　　　　↓
NameError: name 'request' is not defined

● **第 2 行**：使用 **get()** method 取得 yahoo 奇摩首頁的資訊，並將取得的資料指派給 r 變數，r 就會是一個網頁物件。

● **第 3 行**：使用網頁物件的 **text** 屬性，就能用文字印出取得的一大串資料。

> ◆**編註** 請注意 **r.text** 不是寫成 **r.text**，沒有小括號，簡單來說**物件.** 的後面，沒有小括號的就是「**屬性 (attribue)**」，那什麼是屬性呢？回憶一下 4-1 節我們提到**在 Python 中所有的東西都是物件**，如果說「method」是物件的操作功能，那麼「屬性」就是物件的資料。例如汽車物件有踩油門、踩剎車等 method，也有里程數、例行保養紀錄等屬性。而我們已經知道可以用「**物件.method 名稱()**」來操作物件，也可以用「**物件.屬性名稱**」來取得物件的各種屬性。

不過，目前第 3 行輸出的 r.text 結果不好閱讀，底下就使用 Python 內建的 **pprint** 模組（意思是 **p**retty **print**，印漂亮一點！）自動整理 r.text 的內容。

Shell

```
01 >>> import requests ↵
02 >>> import pprint ↵  ←——— 匯入 pprint 內建模組
03 >>> r = requests.get('https://tw.yahoo.com/') ↵
04 >>> pprint.pprint(r.text) ↵
 ('<!DOCTYPE html>\n'
.......省略........
<meta name="description" '
 'content=" Yahoo 奇摩提供即時新聞、氣象、購物、信箱、搜尋、政治、國
際、運動、股市、娛樂、科技、電影、汽機車、旅遊、遊戲。每天賺奇摩值、發掘
更 多精彩內容、一站獲取豐富生活！" >\n'
```

> **★譯註** yahoo 首頁的資訊量非常龐大，練習時建議可以在第 4 行 pprint. pprint() 括號中的 r.text 後方加上像 **[0:1000]** 這樣的範圍，以指定想顯示的文字數量。例如 **pprint.pprint(r.text[0:1000])** 可顯示前 1000 字。

程式說明：

● 第 2 行：匯入 **pprint** 模組。

● 第 4 行：使用 **pprint()** 顯示 r.text 的內容。藉由 pprint() 自動換行後，看起來稍微好讀了一點，不過這些都是 HTML 網頁原始碼，所以還是有點花，但用程式存取網站資料經常得跟這些原始碼打交道喔！

HTML 原始碼   網頁是瀏覽器讀取 HTML 原始碼而來的   網頁

網頁原始碼   瀏覽器   PC

透過 Web API 更方便取得網站提供的資料

前面介紹了使用 requests 模組連上網站，直接取得 HTML 原始碼，不過這只是最基本的，通常 requestes 模組還會搭配網站專門提供給程式用的 **Web API** 機制，更容易地存取網站資料。

Web API (Application Programming Interface) 簡單說就是 Web 網站各種功能的「窗口」，可以想像成是餐廳的服務生。我們去餐廳時，有什麼事都是找服務生，不會直接找廚師點菜，API 就是這種概念。當我們想使用某網站的資料或功能時，都得遵守網站所訂的規則，但這些規則我們不用知道的太細，只要透過 Web API 就能正確的使用它們 (= 找服務生就行了，他會幫我們跟廚師點菜)。

▲ 客人透過服務生點餐、取得餐點
　 = 程式透過 Web API 要求進行某些動作、取得資料

一個網站只要提供了 Web API 服務，就方便程式存取網站中的資料，像 Facebook、Twitter 都有提供 Web API，我們就可以透過程式來跟網站溝通，例如用程式抓文章、用程式 PO 文 ... 等，藉此設計出各種應用。

 演練 (一)：用 requests + Web API 查詢郵遞區域

馬上就來試試「requests 模組 + Web API」的技巧。首先來練習使用 zipcloud 日本網站提供的「查詢郵遞區域」Web API。第一步就要是知道該網站提供的 **WebAPI 存取網址**，通常都可以在該網站查到，不然以「XXX 網站　WebAPI 網址」來 Google 也行：

請求網址

基本網址如下。

https://zipcloud.ibsnet.co.jp/api/search ●————

> 使用 Web API 最重要的就是取得 API 網址

在此 URL 中添加請求參數並發起請求。

請求參數

參數名稱	項目名	必需的	評論
zipcode	郵政編碼	○	7 位數字。連字符也是可以接受的。精確搜索。
callback	回調函數名	–	輸出為 JSONP 時的回調函數名。UTF-8 URL 編碼字符串。
limit	最大案例數	–	同一個郵編存在多個數據時返回的條數上限 (個數) ＊默認:20

(示例) 通過郵政編碼 "7830060" 搜索時
https://zipcloud.ibsnet.co.jp/api/search?zipcode=7830060

這是 zipcloud (https://zipcloud.ibsnet.co.jp/doc/api) 的 Web API 規則說明 (編註: 上圖用了瀏覽器的翻譯功能將網頁翻成中文方便了解內容)

我們簡單做個演練，用這個 Web API 來查詢郵遞區域：

Shell

定義 3 個變數來組成郵遞區域的查詢網址

```
01 >>> import requests ↵ ←———— 匯入 requests 模組
02 >>> base_url = 'https://zipcloud.ibsnet.co.jp/api/search'
03 >>> query_parameter = '?zipcode=' ↵
04 >>> zipcode = '1600021' ↵
05 >>> request_url = base_url + query_parameter + zipcode ←
```

把網址串起來 (合併 3 個字串變數)

```
06 >>> request_url ←———— 確認查詢網址
   'https://zipcloud.ibsnet.co.jp/api/search?zipcode=1600021'

07 >>> requests.get(request_url).json() ←———— 進行查詢
   {'message': None, 'results': [{'address1': '東京都',
    'address2':'新宿', 'address3': '歌舞伎町', 'kana1':
    '(日文名)', 'kana2': '(日文名)', 'kana3': '(日文名)',
    'prefcode': '13', 'zipcode': '1600021'}], 'status': 200}
```

透過短短幾行程式，就利用 '160021' 郵遞區號查到郵遞區域

程式說明：

- **第 2 行**：定義網站提供的 Web API 網址。

- **第 3～4 行**：在 Web API 服務網址後面串接一些資訊，主要是在網址尾巴加上郵遞號碼參數，此例是 **?zipcode=1600021**。

- **第 6 行**：確認網址串接結果。

- **第 7 行**：將查詢的網址傳入 requests 的 **get()**，接著再用 **json()** 把傳回值轉換為字典類的資料。JSON 和 Python 的字典型別很類似，在不同的程式語言間或不同系統間交換資料時很常用到。

ChatGPT 萬能程式顧問

★ 小編補充

對 WebAPI 的參數不熟？請 ChatGPT 整理給你

以上的查詢程式看起來不難，但前提是我們要熟悉 Web API 的規則，了解參數該怎麼用。雖然 Web API 網站通常都會提供參數使用說明，甚至提供範例，但不知道怎麼用又想省時間的話，可以試著請 ChatGPT 代勞：

> **Q**
>
> 請使用 requests 模組寫一段「用郵遞區號查詢日本郵遞區域」的程式

要寫一段程式使用郵遞區號查詢日本郵遞區域，我們首先需要一個可以提供這種查詢服務的 API。到目前為止（截至 2021 年 9 月），公開且免費的 API 提供商並未提供這種特定的功能。

> ChatGPT 一下子就點出應該用 Web API，但回答「沒有這樣的 API 可以用」

但是假設有一個這樣的 API，那麼我們可以使用 `requests` 模組來進行查詢。以下是基本的程式碼示例，其中的 `your_api_endpoint` 和 `your_api_key` 需要換成實際的端點和金鑰：

```python
import requests

# 郵遞區號
zipcode = "100-0001"

# API 端點
api_endpoint = "http://your_api_endpoint"
```

> 仍貼心地提供假的程式範本給我們

有這樣的 API 啊，網址是：https://zipcloud.ibsnet.co.jp/doc/api，請幫我寫出來

可以試著把知道的資訊提供給 ChatGPT

這個回答小編稍微存疑，因為依小編經驗，
ChatGPT 在瀏覽網頁方面的功能還不太完善
(更多時候它會回答我們「無法瀏覽網頁」)

❷ 複製下來看看

我看到了，這個 API 可以透過郵遞區號查詢日本的郵遞區域。以下是一段使用 `requests` 模組進行查詢的 Python 程式碼：

```python
import requests

# 郵遞區號
zipcode = "1000001"

# API 端點
api_endpoint = f"https://zipcloud.ibsnet.co.jp/api/search?zipcode={zipcode}"

# 進行查詢
response = requests.get(api_endpoint)

# 檢查回應狀態
if response.status_code == 200:
    # 解析回應內容
    data = response.json()
```

❶ 給了一段新的程式碼，看來
有加上我們提供的 API 網址

　　讀者可以先試著在 Spyder 左邊的程式區塊執行 ChatGPT 所給的程式，以小編這次得到範例來說，運作完全OK，可以順利查詢到 '1000001' 號碼的郵遞區域：

東京都 千代田區 千代田 ◀—— 而且輸出結果比書上的範例還要精簡，想必
ChatGPT 有加了一些簡化輸出訊息的程式

演練 (二)：存取維基百科的資料

接著來試試使用 requests + Web API 存取**維基百科** (https://zh.wikipedia.org/) 的資料。想要從程式存取維基百科，可以使用名為 **MediaWiki API** 的服務。API 網址是：

```
https://zh.wikipedia.org/w/api.php
```

做法一樣，只要在這個 API 網址後方加上一些參數，再傳入 **requests.get()** 處理，就能從維基百科取得想要的文章資料。程式的寫法基本上跟演練（一）類似：

 Shell

```
01 >>> import requests, pprint ↵
02 >>> api_url = 'https://zh.wikipedia.org/w/api.php' ↵
03 >>> api_params = {'format':'json', 'action':'query', 'titles':
   '柔道', 'prop':'revisions', 'rvprop':'content'} ↵
04 >>> wiki_data = requests.get(api_url, params=api_params).json()
   ↵
05 >>> pprint.pprint(wiki_data) ↵
```

 輸出

```
{'batchcomplete': '',
 'query': {'pages': {'547201': {'ns': 0,
                                'pageid': 547201,
                                'revisions': [{'*': '{{otheruses|subject=日本的武術|other=常作表演形式的技巧|柔
身术}}\n'
                                '{{Multiple issues|\n'
                                '{{unreferenced|time=2017-02-12T10:03:13+00:00}}\n'
                                '{{Disputed|time=2020-10-19T00:54:47+00:00}}\n'
                                '}}\n'
                                '{{japanese|japanese=柔術|kana=じゅうじゅつ|
romaji=Jūjutsu}}\n'
                                '\'\'\'柔術\'\'\'是一種[[日本]]傳統[[武術]]，中心精神是避免對方的攻
擊力量，並轉化為制服敵人的技術。有許多不同的流派，各種流著重在不同的技巧（投、逆、絞、當 '
                                '四大技法），現代的[[柔道]]和[[合氣道]]均演變自柔術。\n'
                                '\n'
                                '==起源==\n'
                                '柔術據說是起源自古代戰場上的廝殺，當時的戰鬥是穿著鎧甲來進行
的，最初是類似相撲的二人插手合抱的形式，後來隨著技術發展，出現捧手腕、肘關節、倒身捧等。\n'
                                '\n'
```

程式說明：

- **第 1 行**：匯入 requests 和 pprint 套件。

- **第 2 行**：MediaWiki API 的存取網址，綁定給 api_url 變數。

- **第 3 行**：設定網址後面的參數，主要是指定資料的形式與內容，本例設定如下：

  ① **'format' = 'json'**：指定要傳回什麼格式的資料，這裡指定為 JSON 格式。

  ② **'action' = 'query'**：指定想做什麼，此例為 ' 查詢 '。

  ③ **'titles' = ' 柔道 '**：指定想查詢的文章標題。

  ④ **'prop' = 'revisions'**：指定要傳回查詢結果的何種資訊。

  ⑤ **'rvprop' = 'content'**：可以對用 prop 指定的項目做更詳細的設定。

★TIP 這個 Web API 的參數用法有點複雜，不過這並非本書重點，爾後有需要可自行查閱：

▶ **當 action 參數指定為「query」時，prop 參數可指定的項目如下：**

https://zh.wikipedia.org/w/api.php?action=help&modules=query

▶ **當 prop 參數指定為「revisions」時，rvprop 參數可指定的項目如下：**

https://zh.wikipedia.org/w/api.php?action=help&modules=query+revisions

當然，有需要時也可以如同演練 (一) 的範例去問 ChatGPT。

只不過，從前一頁的執行結果可以看到，雖然已經用上了 pprint 模組盡可能印漂亮一點，但結果還是很難閱讀，沒關係，這裡只是體驗一下，馬上來試其他改善的做法。

演練 (三)：用 wikipedia 第三方套件存取維基百科

前面教您用 requests 套件存取維基百科的資料，不過想查詢的內容得寫在程式裡面，而且執行結果看起來不是太完美。很多人也有同樣的感受，因此就有 **wikipedia** 這個第三方套件被開發出來。使用前，請記得先在 command line 工具安裝 wikipedia 套件 (5-1 節我們已經示範安裝過了)：

 Console

```
C:/Users/kamata> pip install wikipedia ◀── 安裝 wikipedia 套件
```

用 wikipedia 套件來存取維基百科很簡單，連 requests 模組都不必用，程式如下：

 Shell

```
>>> import wikipedia ◀── 匯入套件
>>> wikipedia.set_lang ('zh') ◀── 設定為中文
>>> wikipedia.summary('柔道') ◀── summary() 裡面直接傳入要查的關鍵字
```
'柔道是在1882年由日本人嘉納治五郎創立的日本武術。它一般被歸類於現代武術，後期慢慢演變為搏擊運動及被納入奧運會比賽項目之一。柔道最特殊的一點是其比賽的方式，目的是將對手摔擲出到地上或扭倒在地，再利用壓制使對方無法移動，…(略)

只用 3 行就取得維基百科的文章

wikipedia 套件很好用吧！其實這個套件也在內部使用了 Mediawiki API，只不過將複雜的部分單純化，讓它變得更好用，讀者應該更可以體會到第三方套件的厲害吧！

 ## 演練 (四)：撰寫真正方便使用的 Python 程式

透過第三方套件可以簡單取得資料了，不過說穿了，目前的程式都把要查的關鍵字寫死在程式內，如果想把這個程式拿給不懂的人用，總不能請他們打開程式碼來改吧！因此我們最後來做個「升級」，把演練（三）那幾行程式存入一個 .py 檔中來執行，不只這樣，執行這個 .py 檔時還可以順道指定要查哪個關鍵字，這樣就可以讓維基百科查詢程式更完善。

首先，請在 Spdyer 左邊的程式編輯區輸入以下程式，內容跟**演練 (三)** 的程式差不多，只差在為了展示方便，我們在第 3 行的 **summary()** 內多加了 sentences=1 參數，讓程式只顯示一句就好：

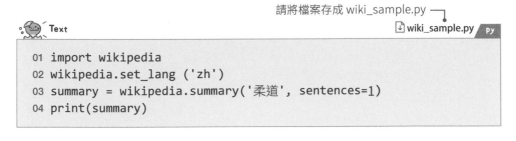

請將檔案存成 wiki_sample.py

Text

⬇ wiki_sample.py py

```
01 import wikipedia
02 wikipedia.set_lang ('zh')
03 summary = wikipedia.summary('柔道', sentences=1)
04 print(summary)
```

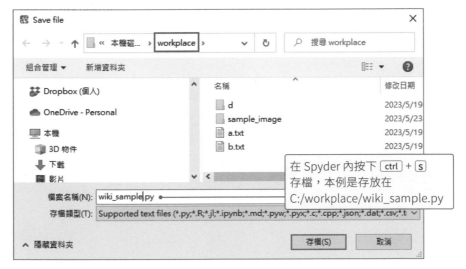

在 Spyder 內按下 ctrl + S 存檔，本例是存放在 C:/workplace/wiki_sample.py

撰寫好程式後，如果直接在 Spyder 內按下 F5 執行 wiki_sample.py 檔，應該會得到跟演練（三）一樣的結果，但這次的演練請改用**命令提示字元**之類的 command line 工具來執行，也就是以 python 指令來執行 wiki_sample.py：

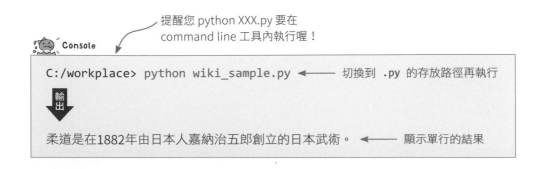

提醒您 python XXX.py 要在 command line 工具內執行喔！

Console

C:/workplace> python wiki_sample.py ◄—— 切換到 .py 的存放路徑再執行

輸出

柔道是在1882年由日本人嘉納治五郎創立的日本武術。 ◄—— 顯示單行的結果

改成程式執行方式，但目前仍只能查詢「柔道」，如果希望這個 wiki_sample.py 能方便查別的關鍵字該怎麼做呢？我們可以想辦法讓程式像下面這樣：**「在執行程式時接一個關鍵字，程式就會連上網查該關鍵字的相關內容」**：

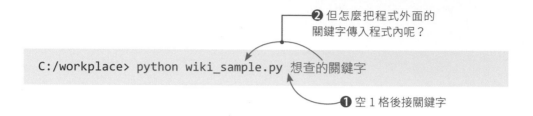

這時就需要加入一些語法，想辦法讓 wiki_sample.py 後面的「**想查的關鍵字**」可以傳遞到 wiki_sample.py 檔案內。

◆ 從外部傳遞參數到檔案內的做法

想做到這件事，可以使用 **sys** 這個 Python 內建模組，它可以讓檔案在執行時，讀入外部傳入的資料。我們先建立一個 try_sys.py 練習用檔案來熟悉一下。try_sys.py 內匯入 sys 模組後並撰寫一些內容，如下：

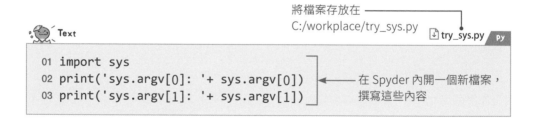

請在 command line 工具執行 try_sys.py，執行時記得在 python 和檔案後方都空一格，並在最後隨便輸入一些文字：

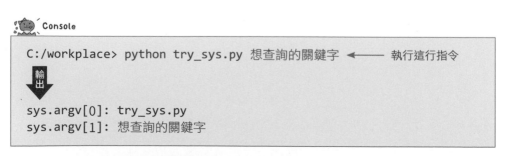

我們來解說前一頁綠色框 try_sys.py 那三行程式的內容。

程式說明：

- **第 1 行**：匯入 **sys** 內建模組。

- **第 2 ～ 3 行**：這兩行 print() 的內容類似，print() 裡面有兩個部分，首先是印出 **'sys.argv[X]'** 字串，之後顯示 sys.argv 串列的索引 0、索引 1 內容。

  要解釋 sys.argv 是什麼不如直接從輸出結果來看，比較好知道 sys 所做的事。從結果來看，**sys.argv[0]** 存放了 'try_sys.py' 這個字串，而 **sys.argv[1]** 存放 'try_sys.py' 後面所 key 的字：

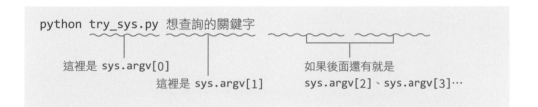

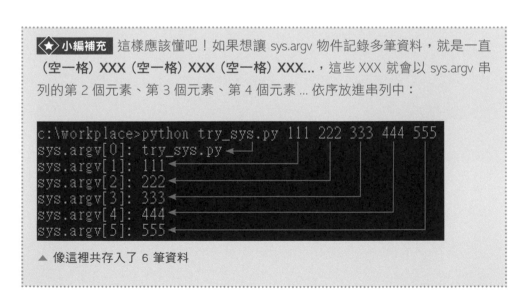

▲ 像這裡共存入了 6 筆資料

♦ 完成「最終版」維基百科查詢程式 wiki_sample_final.py

介紹完 sys 的用法後，最後我們在前面的 wiki_sample.py 內加上 sys 模組的相關程式，完成最終版的 **wiki_sample_final.py**：

 Text   ⬇ wiki_sample_final.py `py`

```
01 import wikipedia, sys
02 wikipedia.set_lang ('zh')
03 summary = wikipedia.summary(sys.argv[1], sentences=1)
04 print(summary)
```

程式說明：

- 第 1 行：除了 wikipedia 外，多匯入了 sys 模組。

- 第 2 行：將 wikipedia 的語言設定為中文。

- 第 3 行：這行最關鍵，就是把待會執行「**python wiki_sample_final.py 關鍵字**」當中的**關鍵字**存入 sys.argv[1] 裡面，然後設為 summary() method 的參數，如此一來執行 wiki_sample_final.py 時後面寫的**關鍵字**就會以 sys. argv[1] 在 wiki_sample_final.py 裡面運作了。

- 第 4 行：印出維基百科查詢結果。

讀者可以試著執行看看程式運作是否正常喔！

 Console

```
C:/workplace> python wiki_sample_final.py 柔道
```

柔道是在1882年由日本人嘉納治五郎創立的日本武術。

'柔道' 會存成 sys. argv[1]，因此程式內的 summary(sys. argv[1]) 就會變成 summary('柔道') 囉！

◆ 小編補充 程式有小缺點？請 ChatGPT 幫我們補強

不過，**wiki_sample_final.py** 這支程式還不是太完美，當 .py 後面沒有指定關鍵字時，sys.argv[1] 就會是空的，這會導致執行後顯示 **'IndexError: list index out of range'** 的錯誤，意思是 sys.argv 串列所指定的內容超出範圍 (不存在所以指定不到啦！)。

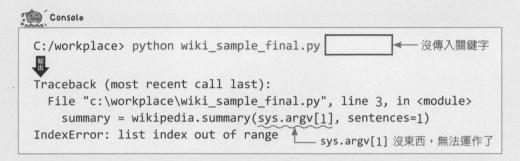

```
C:/workplace> python wiki_sample_final.py          ← 沒傳入關鍵字

Traceback (most recent call last):
  File "c:\workplace\wiki_sample_final.py", line 3, in <module>
    summary = wikipedia.summary(sys.argv[1], sentences=1)
IndexError: list index out of range          ← sys.argv[1] 沒東西，無法運作了
```

該怎麼解決呢？以往多數電腦書可能會留下「**就留待讀者挑戰看看囉！**」這麼一句話，但現在我們有 ChatGPT 再也不用傷腦筋，可以試著請它改善程式的缺點。要問 ChatGPT 的 prompt 很簡單，把程式內容、遇到的錯誤訊息、希望做到的事，統統丟入 ChatGPT 即可：

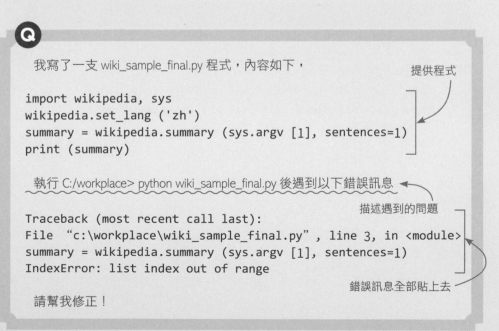

Q

我寫了一支 wiki_sample_final.py 程式，內容如下，

提供程式

```
import wikipedia, sys
wikipedia.set_lang ('zh')
summary = wikipedia.summary (sys.argv [1], sentences=1)
print (summary)
```

執行 C:/workplace> python wiki_sample_final.py 後遇到以下錯誤訊息

描述遇到的問題

```
Traceback (most recent call last):
File "c:\workplace\wiki_sample_final.py", line 3, in <module>
summary = wikipedia.summary (sys.argv [1], sentences=1)
IndexError: list index out of range
```

錯誤訊息全部貼上去

請幫我修正！

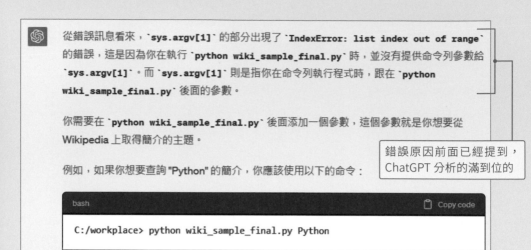

從錯誤訊息看來，`sys.argv[1]` 的部分出現了 `IndexError: list index out of range` 的錯誤，這是因為你在執行 `python wiki_sample_final.py` 時，並沒有提供命令列參數給 `sys.argv[1]`。而 `sys.argv[1]` 則是指你在命令列執行程式時，跟在 `python wiki_sample_final.py` 後面的參數。

你需要在 `python wiki_sample_final.py` 後面添加一個參數，這個參數就是你想要從 Wikipedia 上取得簡介的主題。

錯誤原因前面已經提到，ChatGPT 分析的滿到位的

例如，如果你想要查詢 "Python" 的簡介，你應該使用以下的命令：

```bash
C:/workplace> python wiki_sample_final.py Python
```

除了指出錯誤原因外，ChatGPT 也提供了補強的做法，用了 4-3 節介紹的 **try⋯except** 例外處理語法來補強：

❸ 我們來試試這段程式，點選這裡複製所有程式

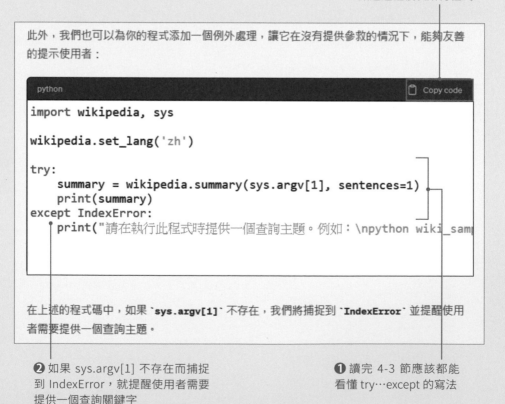

此外，我們也可以為你的程式添加一個例外處理，讓它在沒有提供參救的情況下，能夠友善的提示使用者：

```python
import wikipedia, sys

wikipedia.set_lang('zh')

try:
    summary = wikipedia.summary(sys.argv[1], sentences=1)
    print(summary)
except IndexError:
    print("請在執行此程式時提供一個查詢主題。例如：\npython wiki_sam
```

在上述的程式碼中，如果 `sys.argv[1]` 不存在，我們將捕捉到 `IndexError` 並提醒使用者需要提供一個查詢主題。

❷ 如果 sys.argv[1] 不存在而捕捉到 IndexError，就提醒使用者需要提供一個查詢關鍵字

❶ 讀完 4-3 節應該都能看懂 try⋯except 的寫法

▼ 完整程式如下

```
import wikipedia, sys

wikipedia.set_lang('zh')

try:
    summary = wikipedia.summary(sys.argv[1], sentences=1)
    print(summary)
except IndexError:
    print("請在執行此程式時提供一個查詢主題。例如：\npython wiki_
        sample_final.py Python")
```

我們把程式貼到 wiki_sample_final.py 裡面，取代原先所有內容，之後再到
command line 工具執行 **python wiki_sample_final.py**，看看沒有接要查的關鍵
字時，會不會順利改執行 except: 區塊：

 Console

```
c:\workplace> python wiki_sample_final.py
```
 輸出　　　　　　結果 OK！ChatGPT 再度救援成功！
```
請在執行此程式時提供一個查詢主題。例如：
python wiki_sample_final.py Python
```

5-4

解析網頁內容（網路爬蟲）

BeautifulSoup 套件

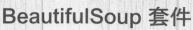

　　使用上一節的 requests 套件可以輕鬆取得網頁原始碼，而本節要新認識的 BeautifulSoup 套件則可進一步解析網頁原始碼中的 HTML 標籤 (Tag)，幫我們篩選出指定的內容。如果將網頁原始碼比喻成一堆凌亂的書籍，透過 BeautifulSoup 可以將書籍分門別類地整理好放在書櫃中，想取出書籍就很方便了。

　　前一節介紹 requests 套件時，我們是從 Yahoo 網站取得 HTML 原始碼，而本節介紹的 BeautifulSoup 套件可以進一步解析 HTML 原始碼、篩選出所要的部分。若用漁夫來比喻，requests 就是投網、捕魚，BeautifulSoup 則是從捕回來的魚中挑選可以吃的出來，並把魚做成生魚片：

> ★ **TIP** 有人比喻 HTML 網頁就像混雜了過多材料的湯汁，用 BeautifulSoup 可以把多餘的材料去掉、補足缺少的味道，最後料理出**一碗美味的湯**，或許這就是 BeautifulSoup 名稱的由來。

BeautifulSoup 的基本語法

Anaconda 已經預先安裝好 BeautifulSoup 套件（本書安裝版本為 4.11.1），只要直接 import 即可使用，底下來示範 BeautifulSoup 的基本用法：

請注意英文大小寫，而且
Beautiful 和 **Soup** 之間沒有空格

🐸 Shell

```
01 >>> from bs4 import BeautifulSoup ↵
02 >>> soup = BeautifulSoup('<html> Lollipop </html>', 'html.parser') ↵
```

假設要解析這段 HTML 程式碼　　後面接一個解析器

程式說明：

● **第 2 行**：用 BeautifulSoup 來建立物件，必須傳入 2 個參數：

物件 = BeautifulSoup('網頁原始碼資料', '解析器名稱')

第 2 行程式的第 1 個參數指定了一段簡化版的 HTML 網頁原始碼。第 2 個參數則指定解析器，本例用的是 **'html.parser'** 這個解析器。

> ★ **小編補充** 解析器有多種選擇，例如：html.parser、lxml、html5lib 等，選擇哪種解析器取決於需求。如果以後需要解析大型文件或著重效率，官方推薦使用解析速度較快的 lxml。如果不需要特別的功能，那麼 Python 內建的 html.parser 就夠了。

演練 (一)：用 BeautifulSoup 擷取網頁標題

底下簡單試個範例。先使用 requests 套件取得 Yahoo 奇摩首頁的 HTML 原始碼，接著用 BeautifulSoup 套件做解析，最後顯示 HTML 當中的網頁標題 (title)。

 Shell

```
01 >>> import requests ↵
02 >>> from bs4 import BeautifulSoup ↵
03 >>> html_data = requests.get('http://tw.yahoo.com') ↵
04 >>> soup = BeautifulSoup(html_data.text,"html.parser") ↵
05 >>> soup.title ↵
   <title>Yahoo 奇摩</title> ◄────── 輸出結果
```

程式說明：

- 第 1 ～ 2 行：匯入 requests 和 BeautifulSoup 套件。

- 第 3 行：使用 requests.get() 來取得 Yahoo 奇摩的網頁資料，並指派給 html_data 變數。

- 第 4 行：先以 html_data.**text** 取得單純的 HTML 原始碼文字，接著以 html.parser 解析這個 html_data.text，並將解析結果指派給 soup 變數。

- 第 5 行：網頁解析完成後（即 soup 變數），我們可以用「**物件.HTML 標籤名稱**」來查詢網頁中第一次出現該標籤的字串片段，例如 **soup.title** 就是秀出 <title> </title> 標籤包起來的網頁標題。

演練 (二)：一次擷取出網站文章的多個標題

再來試另一個例子。我們改抓取作者部落格的文章內容，請先用瀏覽器開啟 https://www.kamatari.org/blog/2021/best-games-of-2021/，瀏覽一下擷取的目標網頁。

索 • 博客

2021 年玩過的 PlayStation 遊戲 ────── 這是一篇遊戲排名的文章
（註：已使用瀏覽器將頁面翻成中文）

2021 年 12 月 25 日，攝足

概括

我總結了這一年玩過的遊戲。多虧了開發這些精彩遊戲的人們，我今年也能玩得很開心。謝
謝。我希望你明年過得愉快

* 以下是 Amashin 的鏈接。

1. 死亡擱淺導演剪輯版 ┐

│ ────── 我們要撰寫程式碼來抓
│   每一個遊戲的名稱
2. 對馬鬼魂導演剪輯版 ┘

◆ Step1：用瀏覽器的「開發人員工具」查看包住遊戲名稱的 HTML 標籤

這個範例網頁是作者自己設立的網頁，刻意讓它的 HTML 很單純，實際上遇到的大網頁 HTML 大多很複雜，還會有很多廣告，花的不得了。但不管簡單或複雜，在構思要取得網頁資料時，最基本的就是先**查看網頁的原始碼**，好對下一步該做什麼有個底。需要查看網頁原始碼時，最方便的工具就是瀏覽器內建的**開發人員工具**。以 Chrome 瀏覽器為例，從瀏覽器打開網頁後，按下鍵盤的 F12 鍵就可以開啟**開發人員工具**。

如下圖所示，開啟開發人員工具後，網頁內容會縮小在左邊的區域，而右邊會顯示網頁原始碼。請找到開發工具上方選單最左邊的 ▣ 箭頭圖示，就能進入「**滑到網頁的哪邊，就同步顯示該處 HTML 原始碼**」的模式：

當您點擊 ▣ 箭頭圖示後，將滑鼠移到網頁中想抓取的部分，右邊的原始碼窗格就會把該區的 HTML 加底色。由於我們的目的是取得文章中的遊戲名稱，就來特別關注這一塊：

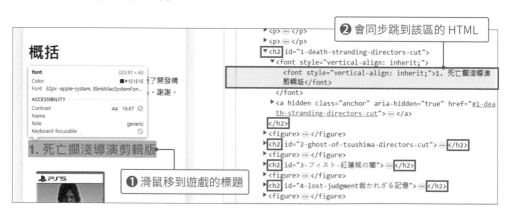

稍微留意遊戲名稱附近，發現每個遊戲名稱的上面都會有 **<h2 id="XXXX">X.遊戲名稱 </h2>** 的標籤。遊戲名稱就被包圍在這個 <h2> 標籤中，後續我們就要用程式來取得 <h2>…</h2> 包起來的部分。

5

> **★編註** 如果包住該資料的標籤不只一層，待會所有標籤都得逐一試試看。上圖也看到了，其實真的包著遊戲名稱的是 `<font style>` `</font>` 標籤，但如果熟悉 HTML 就知道這只是用來設定網頁樣式，這樣的 `<font style>` `</font>` 網頁中一大堆，並沒有特殊性，不太會是我們應鎖定的目標；如果有看到設超連結用的 `<a>` 標籤，由於這也超多，通常也不會鎖定它做為目標，本例看起來比較特別、值得一試的就是 `<h2>` 標籤。

鎖定 `<h2>` 標籤　　　　　　　　　　　　　　　　　　想取得的遊戲標題

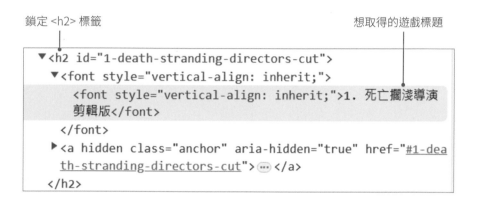

```
▼<h2 id="1-death-stranding-directors-cut">
  ▼<font style="vertical-align: inherit;">
      <font style="vertical-align: inherit;">1. 死亡擱淺導演
      剪輯版</font>
  </font>
  ▶<a hidden class="anchor" aria-hidden="true" href="#1-dea
    th-stranding-directors-cut"> ⋯ </a>
</h2>
```

◆ Step2：解析網頁、擷取出 `<h2>` 包住的內容

鎖定 `<h2>` 標籤後，取得遊戲名稱的程式碼如下：

```
01   >>> import requests                          用 requests 套件連到網頁
02   >>> from bs4 import BeautifulSoup            取得資料，並指派給變數
03   >>> game_ranking_html = requests.get('https://www.kamatari.org/
         blog/2021/best-games-of-2021/')
04   >>> soup = BeautifulSoup(game_ranking_html.text, 'html.parser')
05   >>> for game in soup.findAll('h2'):          用 BeautifulSoup 套件
05   ... [tab] print(game.text)    ← 顯示所有結果    分析資料，將解析好的資
05   ...                                          料指派給 soup 變數
05   1. 死亡擱淺導演剪輯版
05   2. 對馬鬼魂導演剪輯版
05   3. 紅蓮城的拳暗                                用 for 迴圈一一抓出
05   4. 失去判斷力：不加判斷的記憶                   <h2> 包住的遊戲名稱
05   5. Final Fantasy VII Remake 升級版
05   6. 騎士共和國
```

程式說明：

- **前 4 行**：都跟演練（一）的寫法一樣。

- **第 5 行**：findAll() 這個 method 可以搜尋所有指定的標籤（本例為 'h2'），傳回所有被 <h2>…</h2> 包住的內容。這裡用了一個 for 迴圈，將 findAll() 找到的內容一一指派給 game 變數，然後每一迴圈印出結果。

★ 小編補充
怎麼抓網頁資料都失敗！ChatGPT 可以幫上忙？

前面我們所演練的範例已經觸及「**網路爬蟲**」的主題，網路爬蟲是相當熱門的 Python 程式應用，不過網頁技術實在是千變萬化，各種反爬蟲技術也很盛行，再加上網頁可能經常改版，今天可以用來抓網頁資料的程式碼，搞不好明天就完全做廢，因此對初學者來說，網路爬蟲的難度可說相當高，是必須好好學習、研究的主題。

前面我們用 ChatGPT 解決了許多程式設計的難題，您可能會想，能不能比照辦理，把我們要抓的網址、想抓的內容通通丟給 ChatGPT，然後讓它生成網路爬蟲的程式呢？這個想法很美好，但根據小編實測，這種涉及「**得連到目標網頁查看網頁結構，再擬妥爬蟲程式碼**」的情況，ChatGPT 所生成的程式大部分情況都無法一次成功。

原因之一是 ChatGPT 在瀏覽網頁方面的能力還有待觀察，雖然說 ChatGPT plus 版可以用外掛賦予 ChatGPT 瀏覽網頁的能力，但實測後 ChatGPT 還是經常給出「**這只是範本程式，實際的程式仍需要根據網頁實際結構來調整**」、「**由於我不能直接訪問你提供的網頁，所以不能確定這個程式是否能正確工作**」的答案。

例如，我們希望 ChatGPT 以前面的程式做範本，試著抓某遊戲網頁的資料：

想要請 ChatGPT 抓這裡的標題出來

貼上範本程式

Q

```
import requests
from bs4 import BeautifulSoup
game_ranking_html = requests.get ('https://www.kamatari.org/
blog/2021/best-games-of-2021/')
soup = BeautifulSoup (game_ranking_html.text, "html.
parser")
for game in soup.findAll ('h2'):
    print (game.text)
```

請用上面的程式做範本，幫我寫一段抓遊戲排名標題的程式，希望的結果
如下：
1. 代號鳶
2. 眾神派對 ...

❷ 仍可以點這些複製所有程式下來到 Spyder 內執行，但想必成功機率不高⋯

 你想要的程式需要首先解析網頁的 HTML 結構，來確定遊戲排名標題的 HTML 標籤和屬性。透過瀏覽器的開發者工具，我們可以找到在你提供的網址中，每個遊戲排名標題都是一個帶有 class 為 "APP-LI-TITLE" 的 div 標籤的子元素。

以下是一個根據你要求的 Python 程式：

```python
import requests
from bs4 import BeautifulSoup

# 獲取網頁內容
game_ranking_html = requests.get('https://acg.gamer.com.tw/billboard.php?t=2&

# 使用 BeautifulSoup 解析 HTML
soup = BeautifulSoup(game_ranking_html.text, "html.parser")

# 找到所有遊戲排名標題的標籤
games = soup.find_all('div', {'class': 'APP-LI-TITLE'})

# 顯示遊戲排名標題
for i, game in enumerate(games, 1):
    print(f"{i}. {game.text.strip()}")
```

這段程式將會抓取網頁上的遊戲排名標題並按照排名順序打印出來。在打印遊戲標題時，我們使用 `strip()` 函數來去除文字前後的空白。

❶ 乍看之下沒什麼問題，但經小編用開發人員工具確認，該網頁似乎沒有這個 div 標籤

當 ChatGPT 生成的爬蟲程式無法運作時，您當然可以用「Python 程式可執行，但什麼都沒抓到」繼續跟 ChatGPT 溝通：

Q

執行後還是什麼都沒出現 ●————— 試著繼續溝通

對不起，看來我們可能遇到了一些問題。這可能是因為網頁的 **HTML** 結構已經改變，或者是我們在選擇正確的 **HTML** 標籤時出現了錯誤。

請嘗試以下的程式：

```python
import requests
from bs4 import BeautifulSoup

# 獲取網頁內容
game_ranking_html = requests.get('https://acg.gamer.com.tw/billboard.php?t=2&p=

# 使用 BeautifulSoup 解析 HTML
```

本例最後 ChatGPT 提供另一個方向，點出可以加上 Selenium 這個套件來嘗試，但本書篇幅有限就不繼續跟 ChatGPT 溝通下去了

我們需要進一步審視這個問題。我發現 gamer.com.tw 使用動態的 **JavaScript** 來載入排名，這就是為什麼我們無法直接用 **requests** 庫來抓取的原因。我們需要使用如 Selenium 或 **Pyppeteer** 等可以處理 **JavaScript** 的瀏覽器自動化工具來獲取這個網頁的完整內容。這些工具會開啟一個瀏覽器，載入網頁並執行其上的所有 **JavaScript** 程式，從而讓我們可以取得動態載入的內容。

然而，這些工具需要額外的設定和依賴項，並且它們的使用也比 **requests** + **BeautifulSoup** 複雜得多。此外，這些工具通常會消耗比 **requests** + **BeautifulSoup** 更多的資源，因為它們需要開啟並控制一個完整的瀏覽器。

在此我不能立即為你提供一個可以在你的環境中運行的解決方案，因為這需要依賴於你的操作系統和安裝的 **Python** 版本。但你可以參考下面的範例程式碼，這是一個使用 **Selenium** 和 **BeautifulSoup** 的範例：

正如前面提到的，網頁的設計做法五花八門，有些還是動態產生的（意思就是一開始不會出現，搜尋後才會產生的結果），諸如此類的變因，都影響了 ChatGPT 生成有效爬蟲程式的成功率。針對請 ChatGPT 快速生成爬蟲程式這個想法，讀者若有「一次就要成功」的期待恐怕容易失望。小編建議應該把 ChatGPT 生成的爬蟲程式視為寫程式的範本及方向就好，重點在補足您本身對於網路爬蟲技術的了解，累積一定經驗後，再把自己參與解析的結果提供給 ChatGPT，如此一來成功率應該會高出許多。

MEMO

chapter 6

使用 tkinter 設計
視窗應用程式

前面我們多半都是在 Spyder 的互動式 Shell 執行程式，本章將説明如何利用 Python 設計出一些有按鈕與選單可以操作，如同記事本、小畫家這樣的 GUI（Graphical User Interface）視窗應用程式。

6-1

tkinter 模組的基本用法

在 Python 上，可以使用 **tkinter** 這個內建模組來快速開發視窗應用程式，tkinter 是 **t**ool **k**it **inter**face 的簡稱，中文意思是 **GUI 工具包**，而 tkinter 多數人都唸「t-k-inter」，另外也有人唸「t-kinter」。本章將使用 tkinter 模組內豐富的**類別 (class)** 及 method 來製作視窗應用程式。由於 tkinter 的功能很多，這一節先帶您熟悉它的基本用法。

★小編補充 認識類別 (class)

method 我們已經很熟悉了，但什麼是**類別**呢？ 4-1 節提過：「**在 Python 中，所有的東西都是物件**」這個重要概念，而物件 (object) 正是由類別 (class) 產生的。這句話是什麼意思呢？基本上**類別就像是物件的設計藍圖**。有了類別（藍圖），我們就可用它來產生（建立）物件，同一個類別所產生的物件都具有相同的屬性 (attribute) 及操作 method，就像是同一個模子（藍圖）印出來的。例如車廠設計好某一車型的藍圖（類別），然後依此藍圖生產車子（物件），生產出來的車子，規格和操作方法都一樣：

相同的類別（藍圖）　　　　不同的物件（車輛）

class 汽車：

屬性 1 行駛里程數
屬性 2 例行保養紀錄
...

method 1（可踩油門）
method 2（可踩剎車）
...

 物件 1

 物件 2
...

 物件 n

→ 接下頁

雖然是同一型號（類別）的汽車，但每部汽車都是不一樣的，每部汽車都是一個獨立的物件，出廠時都會賦予一個獨立的車體編號。你馬上可以想到，每輛汽車（物件）出廠銷售後，其行駛公里數、保養歷史、操駕方式⋯都不相同，是的，所以相同類別的不同物件其屬性值可能不一樣。

這樣大致對**類別**有概念了吧！我們都知道串列、tuple、字典、⋯都各有專屬的儲存方式，也各有專屬的操作 method，這些 Python 內建的型別其實就是 Python 事先定義好的類別，因此我們打從一開始就在用類別了！而對初學者來說，也建議先學習使用「現成」的類別，等到熟悉使用之後，再來自己設計類別（就像 3-3 節自己定義函式那樣）。所以本章我們都會直接用 tkinter 的各種現成類別來設計東西，如果您想學習定義自己的類別，可以參考附錄 A 的說明。

用 tkiner 的 Tk() 類別建立空的視窗物件

使用 tkinter 開發視窗應用程式，主要就是分成以下兩步驟：

1 利用 tkinter 當中的 **Tk() 類別**建立空的視窗物件。

2 在空的視窗物件上配置各種按鈕、選單等操作功能。

那麼就開始來熟悉 tkinter 的基本用法吧！本節會先在互動式 Shell 中操作，請先輸入並執行下面 3 行程式，我們來建立空的視窗物件：

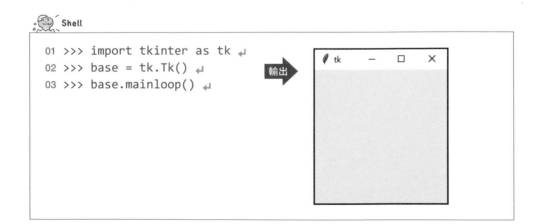

```
01 >>> import tkinter as tk
02 >>> base = tk.Tk()
03 >>> base.mainloop()
```

程式說明：

- **第 1 行**：匯入 tkinter 模組，並命名為 tk。

- **第 2 行**：利用 **Tk()** 類別來建立視窗物件 base，可以把這個 base 看成一個陽春、空的視窗物件，稍後可在其中加入視窗元件並撰寫控制程式。

> **★ 小編補充** 在第 2 行 **base = tk.Tk()** 中，等號左邊的 base 就是物件名，這個物件名和我們之前學到的變數名、函式名完全一樣，它就是一個**名牌**，被綁 (bind) 在一個 Tk 類別的物件上，以後我們只要指名 base 就可以使用這個物件了。
>
> 此外，Python 習慣上用「**大寫**」做為類別名稱的開頭，若把 Tk() 寫成 tk() 會出錯喔，從現在開始也請您養成一個很有用的習慣，只要看到 . 後面、或者等號右邊是大寫開頭，不管你知不知道這一行是甚麼意思，馬上就要聯想到這可能是**用類別建立物件**的敘述。

- **第 3 行**：

```
03 base.mainloop() ↵
```

mainloop() 是 Tk 類別的 method，執行後可以把 Tk 類別的物件 (例如本例的 base) 顯示出來，並等候使用者的操作，例如對視窗做放大、縮小、按按鈕、執行選單功能 ... 等動作。

> **★ 編註** 據小編測試，在一些互動式 Shell 操作時，即使不執行 base. mainloop() 這一行，視窗也會顯示出來，但 Spyder 上一定要執行這一行才行。而由於本章最終要製作幾個視窗程式是要寫成 .py 檔並透過 python 指令執行，因此更不可以漏掉 mainloop() 這一行，否則之後執行時，會發現視窗只出現一瞬間就消失了。

執行上面 3 行程式後，就會出現像
右方這樣的空白小視窗：

▲ tkinter 的初始畫面

如果沒看到視窗，請把桌面上的其他的視窗縮小（包括 Spyder)，應該就可
以看到了。而此時 Windows 底下的工具列也會多了一個代表視窗的小圖示，
也可以點擊該圖示來找到視窗。

 ## 在視窗中加上按鈕物件

建構好空白的視窗物件後，接著我們要在畫面上配置一個 **按鈕**。請關閉剛
剛用程式建立的視窗，然後在互動式 Shell 輸入並執行底下的程式：

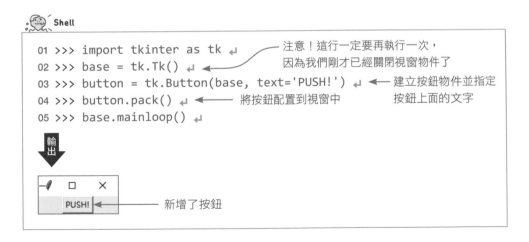

執行完第 5 行後，螢幕上就會顯示多了按鈕的視窗，若試著按一下按鈕暫
時不會有作用，因為目前只設計出外觀，等一下我們會再撰寫按下按鈕時要
進行的處理，讓這個按鈕是有功能的。

● **第 3 行**：這一行是把視窗元件的類別（此例是 Button 按鈕）建立成物件，語法如下：

語法

> tk.各種視窗元件的類別（要放置到哪個物件上面，參數1 = xxxx，
> 參數2 = yyyy,...）

我們來看一下這一行的程式內容：

```
03 button = tk.Button(base, text='PUSH!') ↵
```

首先，就是用 **Button()** 這個類別來建立一個按鈕物件，然後指派給 button 變數。Button() 的第 1 個參數傳入了 base，意思就是「擺在 base 上面」，接續的 **text** 參數則指定按鈕上面的文字。

這一行程式交代了按鈕的**配置位置**跟**製作方式**。**配置位置**通常不外乎是「放畫面中間」或是「從左側數來幾公分」這樣指定，當然這也可以，不過使用 tkinter 配置按鈕位置時，最重要的是要有類似「**圖層 (layder)**」的概念，也就是要指定按鈕物件要擺在什麼東西上面。第 3 行就是指定 button 這個物件要放到 base 這個視窗物件上面。

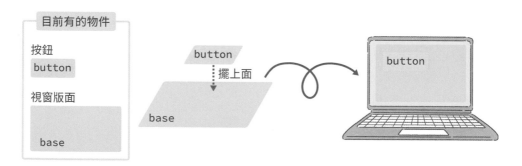

至於按鈕的**製作方式**，在 tkinter 中，視窗的各種細部物件都有各自的類別，如這裡是用 **Button()** 類別來建立**按鈕**物件，之後還會看到用 **Menu()** 類別來建立**選單**物件…等等。

● 第 4 行：

```
04 button.pack() ↵
```

完成按鈕的設定後，執行 pack() 這個 method，程式就會將視窗上的元件由上到下依序排好。

 ## 補充：關於按鈕物件的位置設定

針對按鈕等視窗細部物件，除了 **pack()** 外，還可以用 **grid()**、**place()** ... 等 method 來設定位置，這些 method 在畫面上存在多個物件時才好看出效果，因此底下就建立多個按鈕來演練。

◆ pack() 的用法

首先來看 pack() 的用法，我們先建立多個按鈕物件，然後用 pack() 來排列這些按鈕：

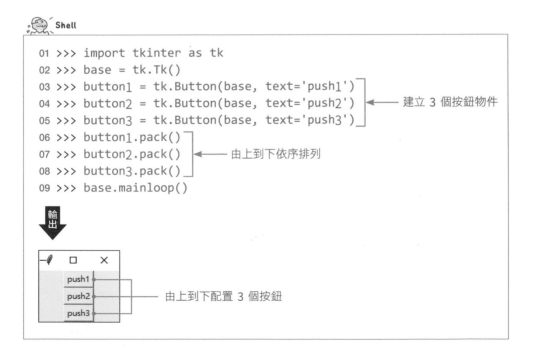

前面的 pack() 沒有做任何設定，當然也是可以傳入參數，例如用 side 參數可以改變排列方向：

參數值	效果
side = tk.TOP	由上而下排列 (預設)
side = tk.LEFT	由左而右排列
side = tk.RIGHT	由右而左排列
side = tk.BOTTOM	由下而上排列

我們來試著依上表改變 3 個按鈕物件的配置：

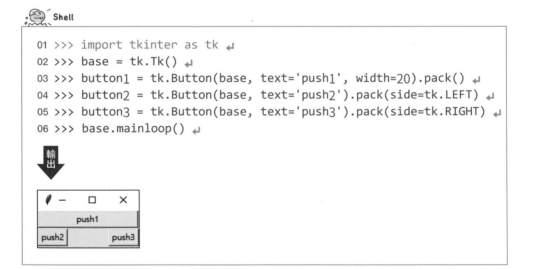

程式說明：

- 第 3 行：

```
03 >>> button1 = tk.Button(base, text='push1', width=20).pack()
```

這一行將「**用 Button() 類別建立物件**」、「**呼叫 pack() method**」、「**指派給 button1 變數**」三項處理全寫在一起。而第 3 行先沒用 pack() 更換按鈕的位置，而是在 Button() 類別內指定了 push1 按鈕的寬度 (width = 20)。

● 第 4～5 行：

```
04 >>> button2 = tk.Button(base, text='push2').pack(side=tk.LEFT) ↵
05 >>> button3 = tk.Button(base, text='push3').pack(side=tk.RIGHT) ↵
```

這兩行的後頭在 pack() 裡面用 side 參數設定位置。當操作視窗時把視窗放大，會發現 push2 按鈕一直在最左邊，而 push3 按鈕一直在最右邊，因為這 2 行所設的 side = tk.LEFT 是「由左而右排列」，而 side = tk.RIGHT 是「由右而左排列」。

♦ grid() 的用法

看完 pack() 後改來看 **grid()**。grid 是格子的意思，grid() 可以用 row（橫列）跟 column（直行）參數來設定物件的位置，就像 Excel 的儲存格那樣：

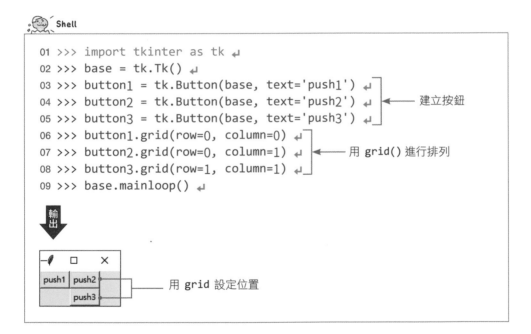

```
    Shell
01 >>> import tkinter as tk ↵
02 >>> base = tk.Tk() ↵
03 >>> button1 = tk.Button(base, text='push1') ↵
04 >>> button2 = tk.Button(base, text='push2') ↵      ← 建立按鈕
05 >>> button3 = tk.Button(base, text='push3') ↵
06 >>> button1.grid(row=0, column=0) ↵
07 >>> button2.grid(row=0, column=1) ↵   ← 用 grid() 進行排列
08 >>> button3.grid(row=1, column=1) ↵
09 >>> base.mainloop() ↵
```

輸出

push1	push2
	push3

← 用 grid 設定位置

程式說明：

● 第 6～8 行：將 push1 按鈕配置在左上（**第 0 列、第 0 行**）、push2 按鈕配置在 push1 按鈕右邊（**第 0 列、第 1 行**）、push3 按鈕配置在 push2 按鈕下方（**第 1 列、第 1 行**）。

◆ place() 的用法

最後是 **place()** 的用法，它可以指定 x、y 座標來設定位置：

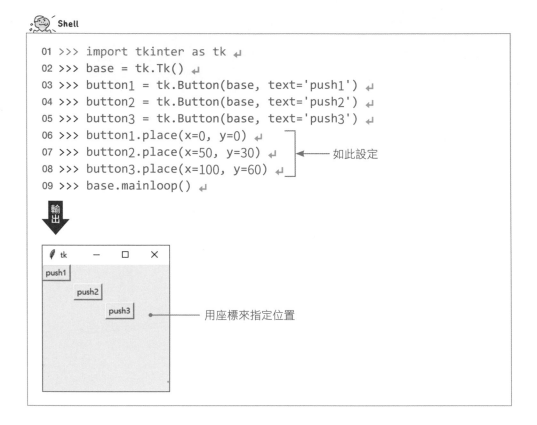

```
01 >>> import tkinter as tk ↵
02 >>> base = tk.Tk() ↵
03 >>> button1 = tk.Button(base, text='push1') ↵
04 >>> button2 = tk.Button(base, text='push2') ↵
05 >>> button3 = tk.Button(base, text='push3') ↵
06 >>> button1.place(x=0, y=0) ↵
07 >>> button2.place(x=50, y=30) ↵       ← 如此設定
08 >>> button3.place(x=100, y=60) ↵
09 >>> base.mainloop() ↵
```

輸出

push1
push2
push3 ← 用座標來指定位置

程式說明：

● **第 6 ～ 8 行**：用 x、y 參數來設座標。從結果可大略知道 x 代表從左偏離多少像素，y 則是從上偏離多少像素。

★ TIP 3 種 method 的使用時機

pack()、grid()、place() 這 3 種要什麼時候用呢？一般情況建議用 pack() 或 grid() 即可。因為當畫面上的元件很多時，要一一用 place() 設定各物件的座標會是一件麻煩事。只有當 pack() 或 grid() 不符需要時再考慮用 place() 來設定。

撰寫按下按鈕時要進行的處理

接著要看怎麼撰寫「按下按鈕時要進行的處理」，例如按下時會顯示某某訊息。請執行下方的程式碼：

Shell

```
01 >>> import tkinter as tk
02 >>> base = tk.Tk()
03 >>> def push(): ↵
... tab print('MELON!') ↵
... ↵
04 >>> button = tk.Button(base, text="WATER", command=push).pack() ↵
05 >>> base.mainloop() ↵
```

輸出

⬇

| ✎ | □ | × |
| WATER | | |

程式說明：

● **第 3 行**：先定義一個 push() 函式，內容是印出 'MELON！' 字串。

```
03 def push():
   tab print('MELON!') ↵ ◄─── 這一行會在互動式 Shell 內印出來
```

● **第 4 行**：

```
04 button = tk.Button(base, text="WATER", command=push).pack() ↵
```

這一行在設定 Button() 類別時，使用 **command** 參數指定第 3 行定義好的 push() 函式，意思就是當「WATER」按鈕被按下時就執行 push() 函式，也就是印出 'MELON！'。這一行的最後使用 **.pack()** 來配置物件。

- **第 5 行**：執行完第 5 行就會顯示視窗，只要用滑鼠每按一次「WATER」按鈕，請留意互動式 Shell 就會印出以下內容：

其他視窗細部物件：標籤文字、多選鈕、單選鈕、交談窗…

除了 Button() 類別外，tkinter 還有提供很多視窗細部物件的類別，我們快速來看一下。

◆ 1. Label() 類別：用來顯示標籤文字

Label() 類別可用來產生標籤文字物件，不只是像字串那樣喔，還可以設定這個標籤的背景色、寬度…等等。如果想在應用程式中加一些文字來提示怎麼用，或是發生錯誤時顯示訊息告知使用者，就會用到 Label() 類別。來簡單試個範例：

```
01 >>> import tkinter as tk ↵
02 >>> base=tk.Tk() ↵
03 >>> tk.Label(base, text='紅', bg='red', width=20).pack() ↵
04 >>> tk.Label(base, text='綠', bg='green', width=20).pack() ↵
05 >>> tk.Label(base, text='藍', bg='blue', width=20).pack() ↵
06 >>> base.mainloop() ↵
```

建立了紅、綠、藍的標籤

程式說明：

● **第 3～5 行**：跟先前介紹的 Button() 類別一樣，Label() 類別也有很多參數可以設定。**text** 參數可以設定要顯示的文字，**bg** 參數是 background 的縮寫，可以設定背景色。設定顏色時，除了用 'yellow'、'cyan'、'magenta' 等字串，也可設 16 進位的色碼。

width 參數可以設定標籤寬度，**height** 參數可以設定高度。此外，標籤內不只可以放文字，也可以用 **image** 參數顯示圖片（下一節的範例就會看到）。

♦ 2. CheckButton() 類別 - 多選鈕

用 **CheckButton()** 類別可以建立多選鈕物件，底下來建立看看，並說明如何取得多選鈕所選中的內容值。請先執行下面的程式：

Shell

```
01 >>> import tkinter as tk
02 >>> base = tk.Tk()
03 >>> topping = {0:'海苔', 1:'糖心蛋', 2:'豆芽菜', 3:'叉燒'}
04 >>> check_value={}
05 >>> for i in range(len(topping)):
   ... [tab] check_value[i] = tk.BooleanVar()
   ... [tab] tk.Checkbutton(base, variable=check_value[i],
           text = topping[i]).pack(anchor=tk.W)
   ...
06 >>> def buy():
   ... [tab] for i in check_value:
   ... [tab] [tab] if check_value[i].get() == True:
   ... [tab] [tab] [tab] print(topping[i])
   ...
07 >>> tk.Button(base, text='點餐', command=buy).pack()
08 >>> base.mainloop()
```

這些是建立
多選鈕的程式

定義 buy() 函式，當視窗中的
點餐鈕被按下就執行這個函式

建立點餐鈕

→ 接下頁

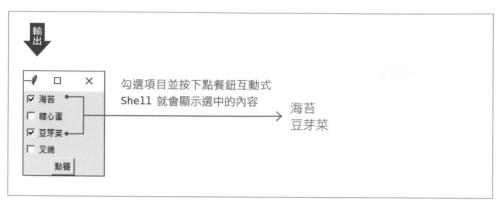

勾選項目並按下點餐鈕互動式
Shell 就會顯示選中的內容

海苔
豆芽菜

程式說明：

- **第 3 行**：使用字典型別的資料來定義配料 (topping) 的種類。

```
03 >>> topping = {0:'海苔', 1:'糖心蛋', 2:'豆芽菜', 3:'叉燒'}
```

- **第 5 行**：這一行內容有點多，主要是用一個 for 迴圈重複處理 4 次，建立視窗內那 4 個多選鈕。

```
05 >>> for i in range(len(topping)):
... [tab] check_value[i] = tk.BooleanVar()
... [tab] tk.Checkbutton(base, variable=check_value[i],
         text = topping[i]).pack(anchor=tk.W)
```

首先來看最上面的 for 判斷式，首先用 **len(topping)** 取得 topping 變數的元素數量 (此例為 4)，再傳入 range() 函式裡面，這樣每一迴圈 i 變數就會是 0、1、2、3，總共跑 4 次迴圈。

在第 1 個 [tab] 那一行中：

```
... [tab] check_value[i] = tk.BooleanVar() ↵
```

用了 **tk.BooleanVar()** 類別建立物件，將「各 topping 多選鈕是否被勾選」的狀態存放到 check_value 字典內做為值。tk.BooleanVar 的值只會有 True 和 False 這兩種，預設值是 False，當待會多選鈕被建立出來、並且被勾選後，tkinter 會自動更新 check_value 字典的內容，把有勾選的那顆鈕的 tk.BooleanVar 改為 True。

而在第 2 個 [tab] 那一行中：

```
... [tab] tk.Checkbutton(base, variable=check_value[i], text =
         topping[i]).pack(anchor=tk.W) ↵
```

會把 check_value 字典所存放的各個 tk.BooleanVar 值傳入 variable 參數（即 variable = check_value[i]），以存放該多選鈕的勾選狀態 (True 或 False)。而 text 參數則傳入 topping 字典中對應的元素名稱（海苔、糖心蛋等），這是用來顯示多選鈕的文字。此外，這一行還用到了 pack() 的新參數 **anchor**，anchor 可設定多選鈕要固定靠在 base 視窗的哪一邊，範例設定 pack(anchor = tk.W) 表示固定靠在左邊 (W 表示西邊)。

- **第 6 行**：建立好多選鈕後，接著定義一個 **buy()** 函式，這是按下「點餐」按鈕後要執行的函式：

```
06 >>> def buy(): ↵
   ... [tab] for i in check_value: ↵
   ... [tab] [tab] if check_value[i].get() == True: ↵
   ... [tab] [tab] [tab] print(topping[i]) ↵
   ... ↵
```

buy() 函式裡面用了一個 for 迴圈，逐一到 check_value 字典查詢各多選鈕的勾選狀態，並用 get() method 取得 True 或 False 的值，再與 'True' 比對，一樣的話表示被該多選鈕勾選了，就用 print() 把該多選鈕的文字印出來。這個範範例程式就解說完畢了。

對迴圈裡面的程式有疑問？
請 ChatGPT 拆解內容並舉例說明

前面這個多選鈕範例稍微有點挑戰性，尤其是第 5 行 for 迴圈用到了 **tk.BooleanVar()** 這個陌生的類別，還藏在 for 迴圈中運作。此外讀者也可能對 check_value 字典如何運作稍有疑問，這些可能要多看幾次才會清楚程式的邏輯…

當對程式的運作不是太清楚時 (尤其是藏在迴圈裡面的程式！)，有經驗的過來人會說「那可以把 check_value 字典印出來看看啊！一看就懂了」，但藏在迴圈裡面的程式，要知道如何在關鍵位置安插 print() 將結果印出來看，對初學者來說不見得是件容易的事。像這種情況，除了自己反覆鑽研外，就很適合把程式丟給 ChatGPT，試著請它舉些例子來幫助理解：

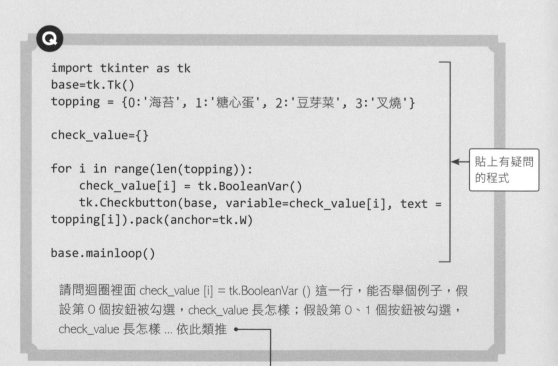

Q

```
import tkinter as tk
base=tk.Tk()
topping = {0:'海苔', 1:'糖心蛋', 2:'豆芽菜', 3:'叉燒'}

check_value={}

for i in range(len(topping)):
    check_value[i] = tk.BooleanVar()
    tk.Checkbutton(base, variable=check_value[i], text =
topping[i]).pack(anchor=tk.W)

base.mainloop()
```

貼上有疑問
的程式

請問迴圈裡面 check_value [i] = tk.BooleanVar () 這一行，能否舉個例子，假設第 0 個按鈕被勾選，check_value 長怎樣；假設第 0、1 個按鈕被勾選，check_value 長怎樣 … 依此類推

提出需求，請 ChatGPT
舉出明確的例子

在您的代碼中，`check_value` 是一個字典，其中每個索引(i)都對應到一個 tkinter 布林變數。當使用者點擊對應的 Checkbutton 時，tkinter 會自動更新該布林變數的值。

假設你有四個按鈕，對應的索引為 0, 1, 2, 3。在創建時，所有的布林變數的值都被初始化為 False，這表示所有的按鈕都未被選中。所以，剛剛建立時的 `check_value` 會如下：

```python
check_value = {
    0: BooleanVar(value=False),
    1: BooleanVar(value=False),
    2: BooleanVar(value=False),
    3: BooleanVar(value=False),
}
```

> ChatGPT 回答，check_value 字典內，各多選鈕的狀態值預設都是 False (表示未勾選)

如果你勾選了第 0 個按鈕，那麼 `check_value` 的狀態將會更新為：

```python
check_value = {
    0: BooleanVar(value=True),
    1: BooleanVar(value=False),
    2: BooleanVar(value=False),
    3: BooleanVar(value=False),
}
```

> 當執行 base.mainloop() 那一行，把 4 個多選鈕顯示出來後，任何勾選操作都會改變 check_value 字典的內容，例如勾選第 0 個多選鈕時，其值就會更新為 True

如果你勾選了第 0 和 1 個按鈕，那麼 `check_value` 的狀態將會更新為：

```python
check_value = {
    0: BooleanVar(value=True),
    1: BooleanVar(value=True),
    2: BooleanVar(value=False),
    3: BooleanVar(value=False),
}
```

> 例如勾選第 0、1 這兩個多選鈕時，對應的這兩個值就會更新為 True

稍有經驗的讀者當然也可以在關閉 tkinter 視窗後，在互動式 Shell 執行 **check_value[索引值].get()** 來檢視，但請 ChatGPT 來解釋並舉例，效率更佳喔！

♦ 3. RadioButton() 類別：單選鈕

看完多選鈕後，再來看其他的。如果要配置的是**單選鈕**，可以用 RadioButton() 類別，用法跟剛才的 Checkbox() 多選鈕很接近，直接來演練一個例子：

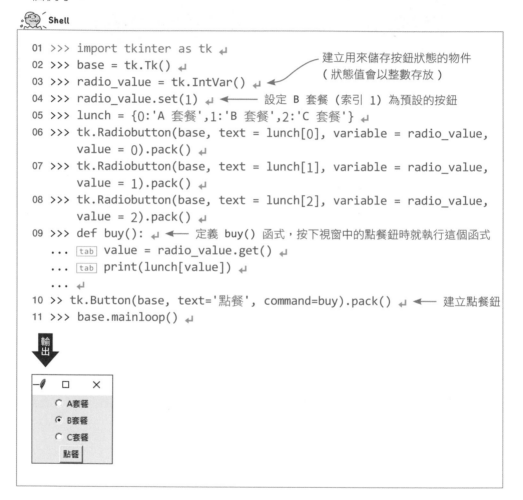

```
01 >>> import tkinter as tk ↵          建立用來儲存按鈕狀態的物件
02 >>> base = tk.Tk() ↵                （狀態值會以整數存放）
03 >>> radio_value = tk.IntVar() ↵ ←
04 >>> radio_value.set(1) ↵ ←── 設定 B 套餐（索引 1）為預設的按鈕
05 >>> lunch = {0:'A 套餐',1:'B 套餐',2:'C 套餐'} ↵
06 >>> tk.Radiobutton(base, text = lunch[0], variable = radio_value,
       value = 0).pack() ↵
07 >>> tk.Radiobutton(base, text = lunch[1], variable = radio_value,
       value = 1).pack() ↵
08 >>> tk.Radiobutton(base, text = lunch[2], variable = radio_value,
       value = 2).pack() ↵
09 >>> def buy(): ↵ ← 定義 buy() 函式，按下視窗中的點餐鈕時就執行這個函式
   ... tab value = radio_value.get() ↵
   ... tab print(lunch[value]) ↵
   ... ↵
10 >> tk.Button(base, text='點餐', command=buy).pack() ↵ ← 建立點餐鈕
11 >>> base.mainloop() ↵
```

輸出 →

```
┌─────────────┐
│ ✎   □   ✕   │
├─────────────┤
│ ○ A套餐      │
│ ⦿ B套餐      │
│ ○ C套餐      │
│ [點餐]       │
└─────────────┘
```

程式說明：

● 第 3 行：

```
03   >>> radio_value = tk.IntVar() ↵
```

首先，要準備用來存放 RadioButton 選取狀態的變數。第 3 行用 **tk.Intvar()** 類別建立一個物件，指派給 radio_value 變數。單選鈕的特徵是選取了一個項目後，其他項目的選取就會被取消，而使用 tk.Intvar() 類別就能處理、儲存這種選擇狀態（ **譯註：** 它會儲存一個整數值，代表哪個選項被選取了）。

● 第 6～8 行：

```
06 >>> tk.Radiobutton(base, text = lunch[0], variable = radio_value,
       value = 0).pack() ↵
07 >>> tk.Radiobutton(base, text = lunch[1], variable = radio_value,
       value = 1).pack() ↵
08 >>> tk.Radiobutton(base, text = lunch[2], variable = radio_value,
       value = 2).pack() ↵
```

用 **tk.Radiobutton()** 類別來建立 3 顆單選鈕。這裡依序設定了 **text**、**variable** 和 **value** 參數。**text** 參數是顯示單選鈕右邊的文字，**variable** 參數就設定第 3 行建立的 radio_value 變數（用來存放各單選鈕的選擇狀態）；最後的 **value** 參數則可以設定一個代表該項目的整數值。

● 第 9 行：

```
09 >>> def buy(): ↵
   ······ tab value = radio_value.get() ↵
   ······ tab print(lunch[value]) ↵
```

buy() 函式的內容跟剛才的多選鈕範例有點不一樣。在 buy() 的程式區塊中，當按下點餐按鈕後，它所取得的不像前一個多選鈕範例是「有沒有被選擇的 True 或 False」，這個範例是用 **radio_value.get()** 取得存放在 radio_value 裡的數字（也就是所選項目的值），再將這個數字指派給 value 變數。

具體來說，當操作 tkinter 視窗中的單選鈕時，radio_value 變數就會根據選擇的項目，自動變更為 0、1、2 其中一個數字。當點餐鈕被按下時，程式會根據當下存放在 value 變數中的值顯示出選擇的套餐。

♦ 4. MessageBox() 類別：交談窗

MessageBox() 類別中提供了 8 種 method 可設計各式各樣的交談窗，底下示範的是 **askyesno()** 這個 **ask～yes～no** 的 method，可讓視窗出現 yes、no 的按鈕選項。由於這次需要反覆執行程式來確認程式運作狀況，為了方測試方便，我們改在 Spyder 左邊的程式編輯區撰寫 .py 程式來執行：

 Text   ⬇ yesno.py `py`

```
01 import tkinter.messagebox as msg
02
03 response = msg.askyesno('糟糕了!!!', '還好嗎？')
04
05 if (response == True):
06     print('還 OK')
07 else:
08     print('有點麻煩')
```

輸出 ⬇

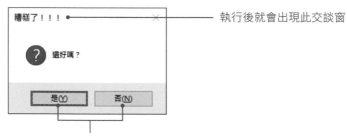

執行後就會出現此交談窗

只要按下是 (Y) 或否 (N)，Spyder 內就會顯示 ' 還 OK' 或 ' 有點麻煩 '

程式說明：

● **第 3 行**：askyesno() 函式的第 1 參數設定了交談窗的標題，第 2 參數則是交談窗內的文字。

```
03  response = msg.askyesno('糟糕了!!!', '還好嗎？') ↵
```

● 第 5～8 行：

```
05 if (response == True): ↵
06    print('還 OK') ↵
07 else: ↵
08    print('有點麻煩') ↵
```

如果按下「是」，response 變數將會存放 True，按下「否」則會存放 False，程式會根據這點進行判斷，印出不同的字串值。

★TIP MessageBox() 類別總共有下面 8 種 method 可以使用，從 method 的名稱也不難知道其內容。而每種 method 會顯示的按鈕數量和內容都不同，可依需求進行選擇。

method名稱	說明
askokcancel	確定 / 取消
askquestion	是 / 否
askretrycancel	重試 / 取消
askyesno	是/ 否
askyesnocancel	是 / 否 / 取消
showerror	顯示錯誤圖示與訊息 （只有關閉視窗用的確定按鈕）
showinfo	顯示資訊圖示與訊息 （只有關閉視窗用的確定按鈕）
showwarning	顯示警告圖示與訊息 （只有關閉視窗用的確定按鈕）

◆ 5. Entry() 類別：文字輸入框

要建立單行的文字輸入框，可以使用 **Entry()** 類別。下面是在視窗中配置一個文字輸入框，並在輸入框的下面，以先前介紹過的 Label() 類別配置一個標籤文字區：

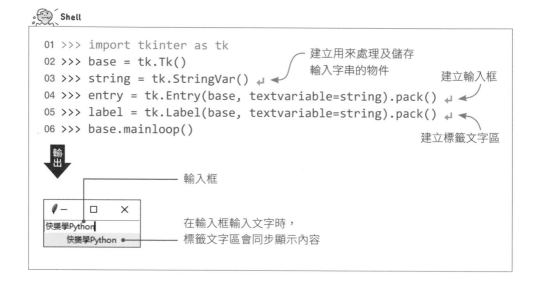

程式說明：

- **第 3 行**：這次要建立可輸入文字的視窗，所以用了 **StringVar()** 類別來建立物件。StringVar() 物件可用來處理及儲存輸入的字串。

- **第 4 ～ 5 行**：接下來用 **Entry()** 類別與 **Label()** 類別建立物件，Entry() 類別是用來配置文字輸入框。我們在這裡將兩者要設的 textvariable 參數都設為第 3 行用 StringVar() 類別所建立的 string 物件。由於設定了相同的物件，所以在輸入框輸入的文字會同步成為標籤文字區的文字。

 配置視窗的「選單」

前面看了這麼多視窗細部物件，最後來介紹視窗應用程式必不可少的**選單**功能。建立選單需用到 **Menu()** 類別，我們來演練兩個例子。

♦ 演練（一）：Menu() 類別的基本認識

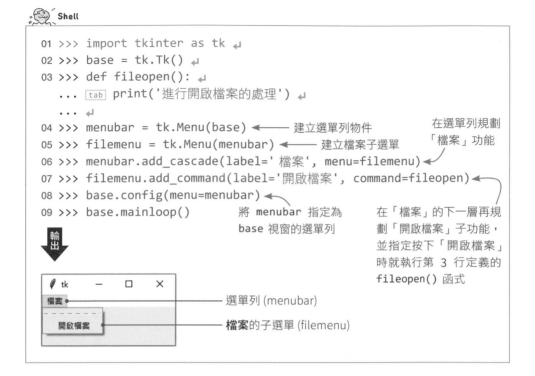

```
01 >>> import tkinter as tk ↵
02 >>> base = tk.Tk() ↵
03 >>> def fileopen(): ↵
... [tab] print('進行開啟檔案的處理') ↵
... ↵
04 >>> menubar = tk.Menu(base) ←—— 建立選單列物件
05 >>> filemenu = tk.Menu(menubar) ←—— 建立檔案子選單
06 >>> menubar.add_cascade(label=' 檔案', menu=filemenu) ←
07 >>> filemenu.add_command(label='開啟檔案', command=fileopen) ←
08 >>> base.config(menu=menubar) ←
09 >>> base.mainloop()
```

在選單列規劃「檔案」功能

將 menubar 指定為 base 視窗的選單列

在「檔案」的下一層再規劃「開啟檔案」子功能，並指定按下「開啟檔案」時就執行第 3 行定義的 fileopen() 函式

輸出

選單列 (menubar)

檔案的子選單 (filemenu)

執行後可以看到，這個選單畫面主要有兩部分，上方是**選單列**，而點了選單列的「檔案」功能後會顯示與「檔案」相關的**子選單**，裡頭設計了「開啟檔案」功能，點選後會執行第 3 行定義的 fileopen() 函式。

程式說明：

● 第 4 行：

```
04 >>> menubar  = tk.Menu(base) ↵
```

定義了建立選單列用的 menubar 變數，並將 base 傳入 tk.Menu() 類別（**譯註：** 就是以 base 視窗做為容器，稍後才可以將 menubar 設定為 base 視窗的選單列）。

這裡的 menubar 變數是最上層的選單，其內還可再加入其他子選單，概念類似先前放置按鈕和標籤的 base。

● 第 5 行：

```
05 >>> filemenu = tk.Menu(menubar) ↵
```

這一行將第 4 行的 menubar 作為參數傳入 tk.Menu() 類別，並綁定給 filemenu 變數。這樣就可以建立 filemenu 子選單。

> **★編註** 因為這個子選單是按下「檔案」功能出現的，因此本例命名為 filemenu。如果選單列有另一個「編輯」功能，那麼其下的子選單就可以命名為 editmenu。

● 第 6 行：

```
06 >>> menubar.add_cascade(label='檔案', menu=filemenu) ↵
```

這一行是把 menubar（選單列）與 filemenu（子選單）聯繫在一起。tk.Menu() 類別有許多可用的 method，這裡是針對 menubar 使用 **add_cascade()**，在選單列中加入 '檔案' 功能，按此功能即可開啟檔案子選單 (filemenu)。

● 第 7 行：

```
07 >>> filemenu.add_command(label='開啟檔案', command=fileopen) ↵
```

這一行是針對 filemenu 做操作，使用 **add_command()** 來規劃子選單上面的選項。當中的 **label** 參數表示要顯示的文字，本例設為 '開啟檔案' 字串。**command** 參數則指定按下這個選項後要執行的函式，本例設為第 3 行寫好的 fileopen() 函式。

● 第 8 行：

```
08 >>> base.config(menu=menubar) ↵
```

menubar 設定為 base 視窗的選單列（功能表列），使成為可顯示及可操作的狀態。到此解說完畢。

♦ 演練 (二)：其他選單設計技巧

前面介紹了選單的基本做法，針對其他選單相關功能，我們最後透過一個範例程式來說明，其中會實作 4 個重點：

1 讓 「開啟檔案」功能按下去有作用。

2 在選單內加「分隔線」。

3 配置多個選單功能。

4 可以透過選單功能關閉應用程式。

Shell

```
01 >>> import tkinter as tk ↵
02 >>> import tkinter.filedialog as fd ↵
03 >>> base = tk.Tk() ↵
04 >>> def open(): ↵  ◄──── 點選「檔案 / open」時執行此函式
    ... tab filename = fd.askopenfilename() ↵ ◄──── 顯示選擇檔案的視窗
    ... tab print('open file => ' + filename) ↵
    ... ↵
05 >>> def exit(): ↵  ◄──── 點選「檔案 / exit」時執行此函式
    ... tab base.destroy() ↵
    ... ↵
06 >>> def find(): ↵
    ... tab print('find ! ') ↵
    ... ↵
07 >>> menubar = tk.Menu(base) ↵
08 >>> filemenu = tk.Menu(menubar) ↵
09 >>> menubar.add_cascade(label='File', menu=filemenu) ↵
10 >>> filemenu.add_command(label='open', command=open) ↵
11 >>> filemenu.add_separator() ↵  ◄──── 新增分隔線
12 >>> filemenu.add_command(label='exit', command=exit) ↵
13 >>> editmenu = tk.Menu(menubar) ↵
```

在選單列中新增
File 功能

在 File 選單中
新增 open 子功能

在 File 選單中新增 exit 子功能

→ 接下頁

```
14 >>> menubar.add_cascade(label='Edit', menu=editmenu) ↵  ←
                                        在選單列中新增 Edit 選單
15 >>> editmenu.add_command(label='find', command=find) ↵  ←
                                        在 Edit 選單中新增 find 子功能
16 >>> base.config(menu=menubar) ↵  ←
                        將上面設定的選單元件配置到畫面中
17 >>> base.mainloop() ↵
```

輸出↓

選單列有兩個功能 (File 功能和 Edit 功能)

加一條分隔線

建立選單的方式和演練（一）都一樣，底下提示一些不一樣的地方。

程式說明：

● **第 2 行：**

```
02 >>> import tkinter.filedialog as fd ↵
```

先前演練（一）的範例按下「開啟檔案」後只會印出字串，這次來做真的功能。為此這一行要匯入 **tkinter.filedialog()** 類別，將其改名為 fd。

● **第 4 行：**

```
04 >>> def open(): ↵
   ... [tab] filename = fd.askopenfilename() ↵
   ... [tab] print('open file => ' + filename) ↵
   ... ↵
```

定義 open() 函式中使用了 **askopenfilename()** method，呼叫這個 method 後，就會顯示選擇檔案的視窗，從視窗中選擇檔案後可取得檔案名稱。這裡我們只使用 print() 將取得的檔案名稱印出來。

● 第 5 行：

```
05 >>> def exit(): ↵
    tab base.destroy() ↵
    ... ↵
```

這一行定義當「File / exit」功能被按下時所執行的 exit() 函式。這裡對 base 視窗執行了 destroy() method，就可以關閉由 base 建立的視窗。destroy（破壞）的用詞有點強烈，不過很好記。

● 第 11 行：

```
11 >>> filemenu.add_separator() ↵
```

執行 **add_separator()** method 可以在選單中加入分隔線。當選單中有很多選項時，就能使用分隔線來分隔選項，讓選單看起來更清楚。

● 第 12 行：

```
12 >>> filemenu.add_command(label='exit', command=exit) ↵
```

這一行是在 File 選單中新增 exit 子功能。就像前面新增 open 時那樣，在 **label 參數**的地方設定了 'exit' 字串，並用 **command 參數**指定按下後執行第 5 行定義的 exit() 函式。

● 第 14 行：

```
14 >>> menubar.add_cascade(label='Edit', menu=editmenu) ↵
```

這一行是將第 13 行定義的 editmenu 配置到 menubar 中，程式寫法和配置 filemenu 時差不多。

★ 小編補充

將 tkinter 選單規劃交給 ChatGPT 最快！

我們已經學會用 tkinter 實作出應用程式的選單，從演練 (二) 的範例您也看到了，如果想要增加更多 Menu 功能，就得一個個建立選單物件和子選單物件，雖然做法相似，但一旦選單功能很多時，光區分物件名稱、誰要歸誰底下、最後還得在程式裡面一個一個寫出來…，實在很容易眼花。由於我們已經有基礎知識，剩下的瑣事可以直接丟給ChatGPT 幫忙，萬一生成的程式跑不出來也知道怎麼糾錯：

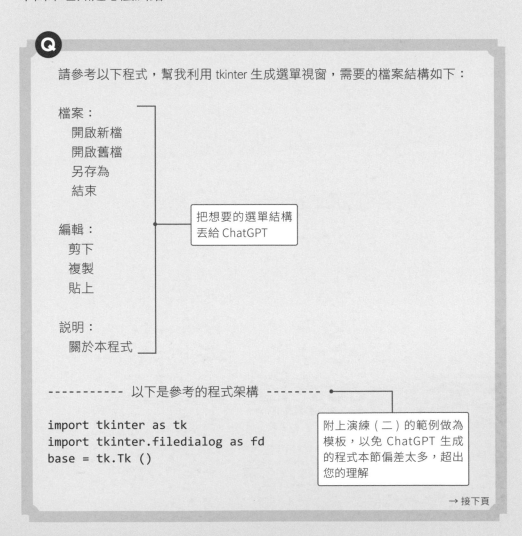

Q

請參考以下程式，幫我利用 tkinter 生成選單視窗，需要的檔案結構如下：

```
檔案：
    開啟新檔
    開啟舊檔
    另存為
    結束

編輯：
    剪下
    複製
    貼上

說明：
    關於本程式
```

把想要的選單結構丟給 ChatGPT

----------- 以下是參考的程式架構 --------

```
import tkinter as tk
import tkinter.filedialog as fd
base = tk.Tk ()
```

附上演練 (二) 的範例做為模板，以免 ChatGPT 生成的程式本節偏差太多，超出您的理解

→ 接下頁

```
def open ():
    filename = fd.askopenfilename ()
    print ('open file => ' + filename)

def exit ():
    base.destroy ()

def find ():
    print ('find !')

menubar = tk.Menu (base)
filemenu = tk.Menu (menubar)
menubar.add_cascade (label='File', menu=filemenu)
filemenu.add_command (label='open', command=open)
filemenu.add_separator ()
filemenu.add_command (label='exit', command=exit)
editmenu = tk.Menu (menubar)
menubar.add_cascade (label='Edit', menu=editmenu)
editmenu.add_command (label='find', command=find)
base.config (menu=menubar)

base.mainloop ()
```

演練（二）
的範例內容

底下是 ChatGPT 幫小編生成的程式（您得到的內容不一定會相同）：

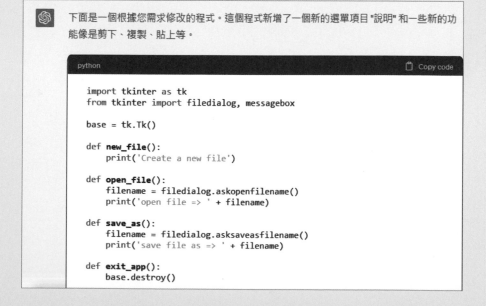

下面是一個根據您需求修改的程式。這個程式新增了一個新的選單項目 "說明" 和一些新的功能像是剪下、複製、貼上等。

```python
import tkinter as tk
from tkinter import filedialog, messagebox

base = tk.Tk()

def new_file():
    print('Create a new file')

def open_file():
    filename = filedialog.askopenfilename()
    print('open file => ' + filename)

def save_as():
    filename = filedialog.asksaveasfilename()
    print('save file as => ' + filename)

def exit_app():
    base.destroy()
```

▼ 完整程式如下

```python
import tkinter as tk
from tkinter import filedialog, messagebox

base = tk.Tk()

def new_file():   ←────  從這裡開始 ChatGPT 一一定義選單會用到的函式
    print('Create a new file')

def open_file():
    filename = filedialog.askopenfilename()
    print('open file => ' + filename)

def save_as():
    filename = filedialog.asksaveasfilename()
    print('save file as => ' + filename)
def exit_app():
    base.destroy()

def cut_text():
    print('Cut text')

def copy_text():
    print('Copy text')

def paste_text():
    print('Paste text')

def about_app():
    messagebox.showinfo("About", "This is a basic program.")

menubar = tk.Menu(base)

                    從這裡開始 ChatGPT 在配置選單，程式的結構看起來
                    都跟演練（一）、（二）一樣，但省了超多時間！

# 檔案 menu
filemenu = tk.Menu(menubar, tearoff=0)
menubar.add_cascade(label='檔案', menu=filemenu)
filemenu.add_command(label='開啟新檔', command=new_file)
filemenu.add_command(label='開啟舊檔', command=open_file)
filemenu.add_command(label='另存為', command=save_as)
filemenu.add_separator()
filemenu.add_command(label='結束', command=exit_app)
```

→ 接下頁

```
# 編輯 menu
editmenu = tk.Menu(menubar, tearoff=0)
menubar.add_cascade(label='編輯', menu=editmenu)
editmenu.add_command(label='剪下', command=cut_text)
editmenu.add_command(label='複製', command=copy_text)
editmenu.add_command(label='貼上', command=paste_text)

# 說明 menu
helpmenu = tk.Menu(menubar, tearoff=0)
menubar.add_cascade(label='說明', menu=helpmenu)
helpmenu.add_command(label='關於本程式', command=about_app)

base.config(menu=menubar)

base.mainloop()
```

二話不話，直接 copy 程式到 Spyder 執行看看，本例 ChatGPT 好樣的！順利完成了任務：

▲ 選單配置三兩下全弄好！

如果您進一步想讓各子功能按下去是有作用的，下一節的範例會示範如何請 ChatGPT 幫忙實作。

6-2 使用 tkinter 和第三方套件來製作 QR Code 產生器

本節會使用 tkinter 和 qrcode 這個第三方套件,來製作「**能把網址或文字轉為 QR Code**」的桌面應用程式。

◀ 本節要製作的應用程式

qrcode 套件的基本用法

先帶您熟悉這一節要使用的核心第三方套件 **qrcode**,此套件有登錄在 PyPI 網站,直接利用 pip 指令就可以安裝。此外,此套件在使用上會用到 5-2 節的 **Pillow** 第三方套件,尚未安裝的讀者請先安裝好:

 Console

```
c:\workplace> pip install qrcode ◄── 在 command line 工具安裝 qrcode 套件
```

→ 接下頁

```
Note: you may need to restart the kernel to use updated packages.
Collecting qrcode
  Downloading qrcode-7.4.2-py3-none-any.whl (46 kB)
     -------------------------------------- 46.2/46.2 kB 570.7
kB/s eta 0:00:00
Requirement already satisfied: colorama in c:\users\tristan\
anaconda3\lib\site-packages (from qrcode) (0.4.5)
Requirement already satisfied: typing-extensions in c:\users\
tristan\anaconda3\lib\site-packages (from qrcode) (4.3.0)
Collecting pypng
  Downloading pypng-0.20220715.0-py3-none-any.whl (58 kB)
     -------------------------------------- 58.1/58.1 kB 1.0
MB/s eta 0:00:00
Installing collected packages: pypng, qrcode
Successfully installed pypng-0.20220715.0 qrcode-7.4.2  ◀
```

看到此訊息表示安裝成功

我們先在互動式 Shell 熟悉一下 qrcode 套件的用法，先試一個小範例，來把 google 的網址 (google.com) 轉換成 QR Code 圖片物件，最後顯示在螢幕上：

Shell

```
01 >>> import qrcode
02 >>> encode_text = 'https://google.com'    ◀── 建立網址字串
03 >>> img = qrcode.make(encode_text)
04 >>> type(img)
<class 'qrcode.image.pil.PilImage'>
05 >>> img.show()
```

輸出

◀ 成功產生 QR Code

● **第 3 行**：將 encode_text 這個網址字串傳入 qrcode 的 **make()** method，就可以產生圖片物件：

```
03 >>> img = qrcode.make(encode_text)
```

● **第 4 行**：把 img 變數傳入 **type()** 函式看看它是什麼型別 (type)，結果發現它是特殊的 Pillow 圖片型別資料：

```
04 >>> type(img)
   <class 'qrcode.image.pil.PilImage'>
```

● **第 5 行**：由第 4 行知道 img 變數是一個 Pillow 物件，因此 5-2 節介紹 Pillow 時用過的 method，此處的 img 變數也都能用，第 5 行就用了 **show()** 來顯示圖片，當然也可以用 **save()** 來儲存圖片。

```
05 >>> Img.show
```

 ## 開始製作 QR Code 產生器

熟悉 qrcode 套件的用法後，接著就搭配 tkinter 來製作一個有完整操作介面的 **QR Code 產生器**。我們先看一下完成後的產生器畫面：

QR Code 產生器 ▶

如上圖所示，執行應用程式後會顯示一個主視窗，視窗中有一個輸入框跟一個按鈕。在輸入框中輸入想轉成 QR Code 的網址，按下右邊的按鈕後，就會在下面顯示 QR Code。由於 QR Code 是用現成的套件轉換而成的，用手機來掃描都可以正常運作。

此外，我們也做了把 QR Code 圖片存下來的選單功能，只要「**File / save**」被執行了，就會開啟存檔的交談窗：

那麼就開始吧！由於要撰寫程式不少，請在 Spyder 左邊的程式編輯區撰寫程式：

Text   ⬇ qrcode_generator.py   py

```python
01 import qrcode as qr
02 import tkinter as tk
03 import tkinter.filedialog as fd
04 from PIL import ImageTk
05 base = tk.Tk()
06 base.title('QRcode Generator')
07 input_area = tk.Frame(base, relief=tk.RAISED, bd=2)
08 image_area = tk.Frame(base, relief=tk.SUNKEN, bd=2)
09 encode_text = tk.StringVar()  ◀── 此變數會存放要轉成 QR Code 的字串
10 entry = tk.Entry(input_area, textvariable=encode_text).pack(
           side=tk.LEFT)  ◀── 建立文字輸入框
11 qr_label = tk.Label(image_area)  ◀── 用來顯示 QR Code 圖形的標籤區塊
12 def generate():
13 ...[tab] qr_label.qr_img = qr.make(encode_text.get())
14 ...[tab] img_width, img_height = qr_label.qr_img.size
15 ...[tab] qr_label.tk_img = ImageTk.PhotoImage(qr_label.qr_img)
16 ...[tab] qr_label.config(image=qr_label.tk_img,width=img_
           width,height=img_height)
17 ...[tab] qr_label.pack()
18 ...                          這個函式用來建立並顯示 QR Code
```

```
19 encode_button = tk.Button(input_area, text='QRcode!',          ← 建立按鈕
       command=generate).pack(side=tk.LEFT)
20 input_area.pack(pady=5)                          ← 規劃上下兩區，上面是輸入區，
21 image_area.pack(padx=3, pady=1)                       下面是 QR Code 圖片區
22 def save():
23 [tab] filename = fd.asksaveasfilename
(title='儲存檔案', initialfile='qrcode.png')
24 [tab] if filename and hasattr(qr_label, 'qr_img'):    ← 選單上的 save
25 [tab] [tab] qr_label.qr_img.save(filename)              功能，用來儲存
26 ...                                                      QR Code
27 def exit():
28 [tab] base.destroy()                   ← 選單上的 exit 功能，
29 ...                                         用來關閉應用程式
30 menubar = tk.Menu(base)
31 filemenu = tk.Menu(menubar)
32 menubar.add_cascade(label='File', menu=filemenu)
33 filemenu.add_command(label='save', command=save)    ← 這些是前一節
34 filemenu.add_separator()                                介紹過的選單
35 filemenu.add_command(label='exit', command=exit)        配置語法
36 base.config(menu=menubar)
37 base.mainloop()
```

　　呼～這是本書到目前為止最長的程式碼，不過基本上都是至今學過的概念，一行一行慢慢來看吧！

程式說明 (一)：匯入套件、定義各視窗物件

● **第 1～4 行**：匯入需要用到的套件，每個套件的名稱都有點長，所以將它們改短一點 (除了 ImageTk 以外)。

```
01 import qrcode as qr
02 import tkinter as tk
03 import tkinter.filedialog as fd
04 from PIL import ImageTk
```

　　第 4 行是從 Pillow 套件匯入 **ImageTk** 模組，此模組是用來將圖片轉為可在 tkinter 中使用的格式，這個部分第 15 行會再說明。

- 第 5 行：建立 base 視窗物件。

- 第 6 行：設定 base 的 title，所以視窗上方會顯示「QRcode Generator」。

```
06 base.title('QRcode Generator')
```

▲ base 的 title

- 第 7 ～ 8 行：使用了 **Frame()** 這個新的類別建立了兩個「**區塊**（或稱**框架**）」物件：

```
07 input_area = tk.Frame(base, relief=tk.RAISED, bd=2)
08 image_area = tk.Frame(base, relief=tk.SUNKEN, bd=2)
```

區塊物件跟 base 視窗物件很類似，可以將一些小物件整合在一起（ 編註： 類似 HTML 的 div 區塊），方便一起進行配置。**第 7 行**的 **input_area** 變數 是位於上方的「輸入框及按鈕」區塊，**第 8 行**的 **image_area** 變數則是位 於下方的「QRCode 圖片」區塊。

input_area 區塊

image_area 區塊

第 7、8 行中間的 **relief** 參數是用來設定這 2 個區塊的樣式，最後面的 **bd** 參數 (boderwidth 的意思) 是設定區塊四周的的框線寬度。

▲ relief 有以上設定值可以設

▼ 本例「輸入框及按鈕」這一區是設 tk.RAISED 樣式

▼ 這是改成 tk.FLAT 樣式的樣子，就扁平化不立體了

● **第 9 ～ 10 行**：為了保存 google.com.tw 之類的輸入字串，用 **StringVar()** 類別建立物件後指派給 enCode_text 變數，第 10 行用 enCode_text 作為參數，傳入 Entry() 類別來建立輸入框物件。

```
09 encode_text = tk.StringVar()  ◀── 此變數會存放要轉成 QR Code 的字串
10 entry = tk.Entry(input_area, textvariable=encode_text).pack(
       side=tk.LEFT)
```

第 10 行 tk.Entry() 的第 1 個參數是指定文字輸入框要放置的地方 (也就是**第 7 行的 input_area**)，第 2 個參數則指定顯示和存放輸入資料的物件 (也就是**第 8 行的 encode_text**)。接著再使用 pack() 進行配置，並設定 side=tk.LEFT 讓元件從左側開始排列，這樣就完成了可以輸入文字的輸入框。

● **第 11 行**：

```
11 qr_label = tk.Label(image_area)
```

設定了顯示 QRCode 用的 Label 標籤，這裡只需要將其放置於 image_area 框架中。

> **◇TIP** 第 11 行最後之所以沒有使用 pack() method 讓 Label 標籤顯示在視窗中，是因為剛啟動 QR Code 產生器時還沒有可顯示在 Label 中的 QR Code 圖片，如果像下圖這樣顯示空的標籤會不太好看：
>
>
>
> 如果第 11 行最後有加 .pack() 就會變這樣，一開始就會有一小塊空白區

程式說明 (二)：定義「把網址轉成 QR Code」的函式

● **第 12 ～ 17 行**：第 12 行到第 17 行定義了一個 **generate()** 函式，這是當 QRCode 按鈕被按下時會執行的函式：

```
12 def generate():
13 ... tab qr_label.qr_img = qr.make(encode_text.get())
14 ... tab img_width, img_height = qr_label.qr_img.size
```

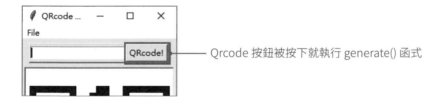

Qrcode 按鈕被按下就執行 generate() 函式

● **第 13 行**：用 **encode_text.get()** 取得要轉成 QRCode 的字串，並傳入 qrcode 套件的 **make()** 產生 QRCode 的圖片，再將這個圖片存放在 qr_label 的 **qr_img** 屬性中（**編註：** 看到 . 後面接的名稱，如果沒有加小括號的，通常就是屬性，有加小括號的則是 method 或函式）。

● **第 14 行**：用 **.size** 屬性取得前一行 qr_img（就是 QRCode 圖片）的高度和寬度。這一行用了 5-2 節介紹過的**多重指派**變數技巧，**qr_label.qr_img. size** 會傳回存放著寬度和高度的 tuple 資料，而 = 左邊輸入兩個以 , 區隔的 img_width、img_height 變數，就可以將 tuple 內的 **(寬度 , 高度)** 分別存入 img_width、img_height 這兩個變數中。

● **第 15 行**：使用 ImageTk 模組的 **PhotoImage()** 類別，將 qrcode 套件產生的圖片轉換成 tkinter 可顯示的資料。

```
15 ... tab qr_label.tk_img = ImageTk.PhotoImage(qr_label.qr_img)
```

● **第 16 行**：再次對第 11 行定義的 qr_label 進行設定。這裡用了 **config()** 函式來指定各設定項目的內容值：

```
16 ... tab qr_label.config(image=qr_label.tk_img,width=img_width,
         height=img_height)
```

在第 16 行程式中，除了指定要顯示的圖片外，也將 label 的寬度、高度指定成跟圖片的寬、高一樣。若沒指定 label 寬度、高度的話，當產生的圖片大於 label 時，大於 label 的部分就不會顯示，而若圖片小於 label 時，圖片和 label 之間就會產生空白。

● **第 17 行**：最後將「字串轉成 QR Code」的 qr_ label 用 pack() 函式顯示出來，generate() 函式就定義完成了。

程式說明 (三)：配置輸入框、按鈕、QR Code 圖片區塊

● **第 19 行**：定義按鈕，設定按鈕被按下時執行 generate() 函式：

```
19 encode_button = tk.Button(input_area, text='QRcode!',
     command=generate).pack(side=tk.LEFT)
```

● **第 20 ～ 21 行**：分別用 pack() 函式在視窗配置 **input_area** 區塊 (放輸入框和按鈕) 和 **image_area** 區塊 (放 QRCode 圖片)：

```
20 input_area.pack(pady=5)
21 image_area.pack(padx=3, pady=1)
```

這兩行的 padx、pady 參數是用來指定「區塊外側要留多少寬度」。這樣產生 QRCode 的部分就完成了。

程式說明（四）：定義選單功能被按下時要執行的函式

接下來要製作**選單畫面**。要製作的選單功能有 **save**（儲存圖片）和 **exit**（結束）這兩個，分別定義 save() 函式與 exit() 函式來處理。

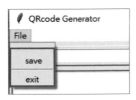

▲ File 的子選單

- 第 22 ～ 25 行：save() 函式主要做兩件事：

  ① 取得要儲存的檔案名稱（第 23 行）

  ② 用取得的檔案名稱儲存檔案（第 24 ～ 25 行）

- 第 23 行：為了取得儲存檔的名稱，就要使用程式第 3 行所匯入的 **tkinter.filedialog**。這個模組的函式可以開啟一個「選擇檔案」的視窗，用法在 6-1 節就介紹過，不過那時是要開啟檔案，而這裡是要存檔，所以改使用 **asksaveasfilename()** 函式：

```
23 filename = fd.asksaveasfilename(title='儲存檔案',
        initialfile='qrcode.png')
```

asksaveasfilename() 函式沒有設定選項也可使用，不過這次的範例中設定了「視窗標題」及「預設的檔案名稱」。

在第 23 行程式中，用 **title** 參數設定視窗標題，再用 **initialfile** 參數指定預設名稱 qrcode.png（讓使用者可以直接用，不用再輸入名稱）。

視窗標題

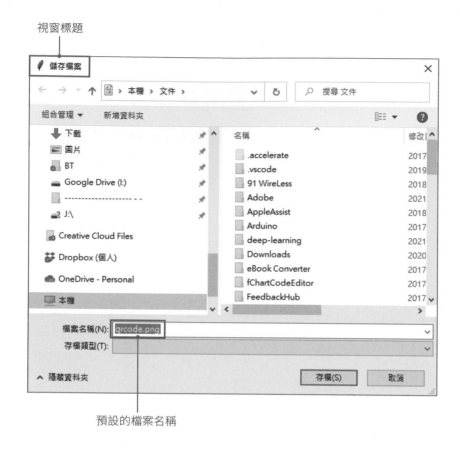

預設的檔案名稱

● **第 24 ～ 25 行**：這裡要用 if 判斷式做「取得檔案名稱後存檔」的處理：

```
24 [tab] if filename and hasattr(qr_label, 'qr_img'):
25 [tab] [tab] qr_label.qr_img.save(filename)
```

第 24 行用了 **and** 做「A 且 B」的存檔判斷。只有當 A、B 都為 True 時，才會執行第 25 行的 **qr_img.save()** 存檔程式。而這裡的存檔條件是「**filename 為 True 且 qr_label 中存在 qr_img 屬性**」。

第 24 行 and 左邊是做「**filename 是否為 True**」的判斷，當變數 filename 中沒有存放任何字串時為 False，就不會執行第 25 行存檔，硬要存檔就會出錯。

第 24 行 and 右邊則是做「**qr_label 中是否存在 qr_img 屬性**」的判斷。這裡用了 **hasattr()** 函式（ **編註：** has attribute? 的意思）。hasattr() 函式會檢查第 1 參數中是否有第 2 參數指定的 attribute，如果有就傳回 True，沒有就傳回 False。在這個程式中就是檢查 qr_label 中是否存在名稱為 'qr_img' 的屬性。

為什麼要做這個檢查呢？ qr_img 是當使用者按下按鈕，generate() 函式後才會建立（第 13 行）。也就是說，如果沒有用判斷式檢查，當使用者在沒有產生圖片的情況下選擇了「save」，程式在執行第 25 行的 qr_label.qr_img 時就會出錯。這種情況並非不可能發生，所以在撰寫程式時也要將這樣的例外狀況考量進去。

- **第 27 ～ 28 行**：exit() 函式前面我們所定義用來結束應用程式的函式，當「File / exit」被執行時，exit() 函式裡面就會使用 **destroy()** 消滅（關閉）放置了所有物件的 base 視窗。

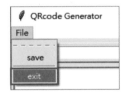

程式說明（五）：配置選單功能

- **第 30 ～ 36 行**：前面已經把所有處理都撰寫好，最後只要把選單一一配置出來即可。同樣是使用 Menu() 類別來製作選單列，然後設定讓它能叫出前面的 save() 函式與 exit() 函式，這些做法都跟 6-1 節一樣。

- **第 37 行**：最後呼叫 mainloop() 函式來顯示視窗，整個程式就完成了。

讀者可試著在 Spyder 內執行 qrcode_generator.py，玩玩看有沒有什麼問題，最後執行「File / exit」結束即可。

有更多功能構想？
請 ChatGPT 補強應用程式功能

如果使用後您想要增加這個 QR Code 產生器的功能，例如「**存檔的話還是用滑鼠右鍵呼叫選單來存檔比較方便**」，諸如此類的設計當然也可以用 tkinter 來做，不過這就涉及「**事件 (Event)**」的概念 (當按下滑鼠右鍵時...就...) 以及右鍵選單該怎麼出現、怎麼設計...等知識。遇到這種需求時，以往可能得認真 google 爬別人的範例程式、或者查 tkinter 的說明文件來做到，但有了 ChatGPT 這自然不是難事。我們可以把前面的程式丟給 ChatGPT，請它以前面的程式為範本來增加功能，我們只要聚焦學習 ChatGPT 新寫的內容即可。來試試：

　　請幫我把存檔功能做成滑鼠右鍵

ChatGPT 提示是要用視窗物件
的 bind() method 來綁定滑鼠
右鈕這個動作

　當然可以。以下是如何將你的保存功能綁定到鼠標右鍵上的程式碼片段。我們需要使用 `.bind()` 方法來註冊滑鼠右鍵的事件，當滑鼠右鍵被點擊時，`save()` 函數將被調用：

```python
import qrcode as qr

import tkinter as tk
import tkinter.filedialog as fd
from PIL import ImageTk
base = tk.Tk()
base.title('QRcode Generator')
```

```
encode_button = tk.Button(input_area, text='QRcode!',command=generate)
input_area.pack(pady=5)
image_area.pack(padx=3, pady=1)

def save(event):
    filename = fd.asksaveasfilename(title='儲存檔案', initialfile='qrco
    if filename and hasattr(qr_label, 'qr_img'):
        qr_label.qr_img.save(filename)

base.bind('<Button-3>n', save)  ●————— 多了這一行
base.mainloop()
```

這裡我們使用了 `<Button-3>` 當作事件，這是 Tkinter 中表示滑鼠右鍵被點擊的事件。注意到 `save()` 函數需要接受一個參數（在這裡是 `event`），這是因為當事件觸發時，Tkinter 會自動傳遞一個包含事件資訊的物件給對應的事件處理函數。

如此修改後，每當滑鼠右鍵點擊時就會呼叫 `save()` 函數，並開啟檔案對話框讓使用者選擇保存生成的 QR 碼的位置。

.bind() 雖然前面沒介紹過，但這一行不難理解，就是當 Button-3（即滑鼠右鍵）被按下時，就執行我們前面定義好的 save() 函式。

▼ 完整程式如下

```
import qrcode as qr

import tkinter as tk
import tkinter.filedialog as fd
from PIL import ImageTk
base = tk.Tk()
base.title('QRcode Generator')

input_area = tk.Frame(base, relief=tk.RAISED, bd=2)
image_area = tk.Frame(base, relief=tk.SUNKEN, bd=2)
encode_text = tk.StringVar()
entry = tk.Entry(input_area, textvariable=encode_text).
        pack(side=tk.LEFT)
qr_label = tk.Label(image_area)
```

→ 接下頁

```
def generate():
    qr_label.qr_img = qr.make(encode_text.get())
    img_width, img_height = qr_label.qr_img.size
    qr_label.tk_img = ImageTk.PhotoImage(qr_label.qr_img)
    qr_label.config(image=qr_label.tk_img,width=img_
        width,height=img_height)
    qr_label.pack()

encode_button = tk.Button(input_area, text='QRcode!',
command=generate).pack(side=tk.LEFT)
input_area.pack(pady=5)
image_area.pack(padx=3, pady=1)
def save(event):
    filename = fd.asksaveasfilename(title='儲存檔案',
                initialfile='qrcode.png')
    if filename and hasattr(qr_label, 'qr_img'):
        qr_label.qr_img.save(filename)

base.bind('<Button-3>', save)
base.mainloop()
```

不過經小編測試，這段程式並沒有做出**右鍵選單**，而是按下右鍵時直接存檔，檢查一下應該是前面給 ChatGPT 的 prompt 不夠明確，可以再微調一下：

Q

按右鍵不要直接存檔，出現「儲存圖片」的選單比較好

了解你的需求，我們可以通過創建一個彈出菜單來實現這個功能。以下是修改後的程式碼：

```python
import qrcode as qr

import tkinter as tk
import tkinter.filedialog as fd

from PIL import ImageTk
base = tk.Tk()
base.title('QRcode Generator')
input_area = tk.Frame(base, relief=tk.RAISED, bd=2)
image_area = tk.Frame(base, relief=tk.SUNKEN, bd=2)
encode_text = tk.StringVar()
entry = tk.Entry(input_area, textvariable=encode_text).pack(side=tk.LEFT)
qr_label = tk.Label(image_area)
```

做好了，點選這裡複製程式到 Spyder 試試

輸出

按右鍵出現
此選單可執行

▲ 測試成功，原本沒什麼頭緒的功能輕鬆請 ChatGPT 完成

最後附上本例 ChatGPT 生成的程式，我們可以觀摩一下是怎麼做到的（您得到的程式不一定會一樣）：

▼ 完整程式如下

```
import qrcode as qr

import tkinter as tk
import tkinter.filedialog as fd
from PIL import ImageTk
base = tk.Tk()
base.title('QRcode Generator')
input_area = tk.Frame(base, relief=tk.RAISED, bd=2)
image_area = tk.Frame(base, relief=tk.SUNKEN, bd=2)
encode_text = tk.StringVar()
entry = tk.Entry(input_area, textvariable=encode_text).
pack(side=tk.LEFT)
qr_label = tk.Label(image_area)
def generate():
    qr_label.qr_img = qr.make(encode_text.get())
    img_width, img_height = qr_label.qr_img.size
    qr_label.tk_img = ImageTk.PhotoImage(qr_label.qr_img)
```

→ 接下頁

```
        qr_label.config(image=qr_label.tk_img,width=img_
                        width,height=img_height)
        qr_label.pack()

    encode_button = tk.Button(input_area, text='QRcode!',
    command=generate).pack(side=tk.LEFT)
    input_area.pack(pady=5)
    image_area.pack(padx=3, pady=1)

    def save():
        filename = fd.asksaveasfilename(title='儲存檔案',
    initialfile='qrcode.png')
        if filename and hasattr(qr_label, 'qr_img'):
            qr_label.qr_img.save(filename)

    def show_context_menu(event):
        context_menu.tk_popup(event.x_root, event.y_root)

    context_menu = tk.Menu(base, tearoff=0')
    context_menu.add_command(label='儲存圖片', command=save)



    base.bind('<Button-3>', show_context_menu)


    base.mainloop()
```

ChatGPT 定義了這個函式，用來呼叫滑鼠右鍵選單

右鍵選單中配置一個「儲存圖片」功能

當滑鼠右鍵被點擊時，就在游標的位置彈出 context_menu 選單

如果 ChatGPT 用了您沒見過的參數、語法，例如覺得 tk.Menu() 類別當中的 tearoff 參數有點陌生，可以再下提示語問 ChatGPT：

 Q

tearoff 參數的用途是什麼？有哪些值可以設？差在哪裡

總之有疑問都可以問個究竟喔！

APPendix A

定義自己的類別 (class)

在 6-1 節中,我們介紹了**類別 (class)** 的概念,那時是直接呼叫 tkinter 裡面各種現成的類別來用,而這個附錄我們就要學會定義自己的類別來用,可別覺得這件事很難,其實定義類別跟定義函式意義上差不多,只不過類別是變數與函式 (或稱 method) 組合在一起的結構,一塊來看看吧!

自訂類別（Class）的基本介紹

本書反覆提到一句話，**在 Python 中，所有的東西都是物件**，而類別就像是物件的藍圖，有了類別（藍圖），我們就可用它來產生（建立）物件。

「藍圖 → 產品」就等同「類別 → 物件」

自訂（或稱定義）類別不難，說穿了就是把「**資料的屬性**（用變數來定義）」和「**處理資料的程式**（用函式來定義）」整合成設計藍圖，我們來看兩個例子。

● **例 1：** 假設你是可操控蛇的魔笛設計師傅，從藍圖規劃到生成產品，就會像底下這樣：

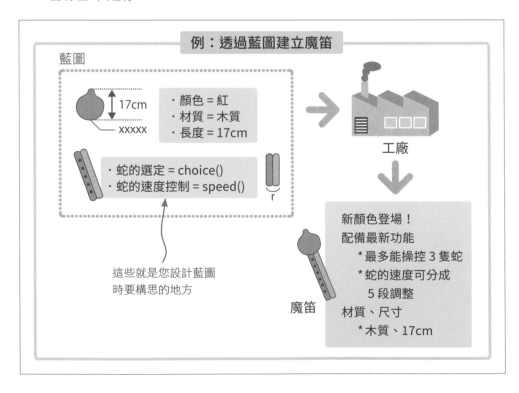

例：透過藍圖建立魔笛

藍圖

17cm
xxxxx

·顏色 = 紅
·材質 = 木質
·長度 = 17cm

·蛇的選定 = choice()
·蛇的速度控制 = speed()

這些就是您設計藍圖
時要構思的地方

工廠

新顏色登場！
配備最新功能
＊最多能操控 3 隻蛇
＊蛇的速度可分成
5 段調整
材質、尺寸
＊木質、17cm

魔笛

● **例 2：** 假設您是一款射擊遊戲的程式設計師，若想量產很多敵機，只要將機身生命值寫成變數，射擊的功能寫成函式，通通彙整到藍圖 (類別) 內，就方便製作大量敵機：

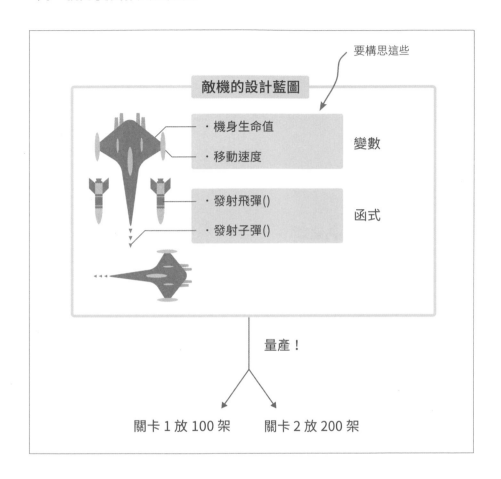

回到程式的層面，若用程式撰寫藍圖，這個藍圖將會是**變數**與**函式**的集合體。而前面說定義類別跟定義函式差不多，兩者的差別在於類別比函式的規模更大，而且類別裡面可以放入多個函式；此外，類別裡面還可以定義變數：

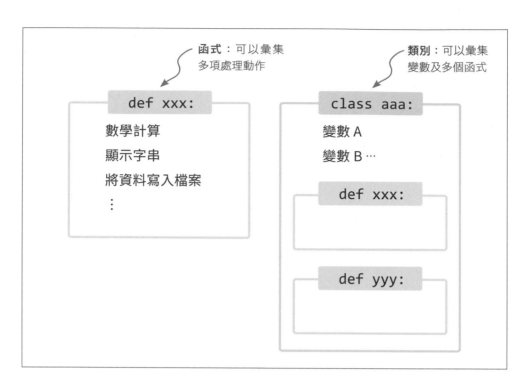

有了藍圖後，就可以據此建立出物件了：

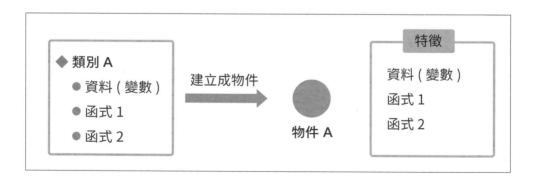

A-2 動手定義第一個類別

本節就來學習類別要怎麼定義,使用的是 **class** 這個關鍵字,語法如下:

命名方式跟一般變數一樣,
但習慣上我們會讓**首字大寫**

語法

```
class 類別名稱:
    tab 定義變數
    tab 定義函式
```

跟函式一樣,不要忘了最後面的 :

這裡是程式區塊

★編註 屬性 (變數) 和 method (函式)

再複習前面提過的一些名詞,程式區塊中的變數也稱為**屬性 (attribute)**,而程式區塊中的函式也稱為 **method**。此外,屬性跟 method 不一定都得有,也可建立只有屬性或只有 method 的類別。

 演練:動手定義第一個類別

下面用一些簡單的程式來試著定義類別,請在 Spyder 的互動式 Shell 執行以下程式:

習慣上類別的名稱
的首字會用大寫

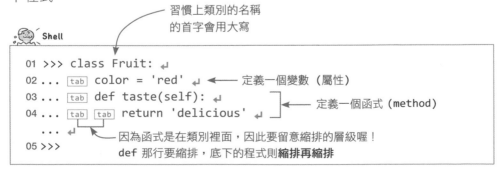

```
01 >>> class Fruit:
02 ...    tab color = 'red'          ← 定義一個變數(屬性)
03 ...    tab def taste(self):
04 ...    tab tab return 'delicious'   ← 定義一個函式 (method)
   ...
05 >>>
```

因為函式是在類別裡面,因此要留意縮排的層級喔!
def 那行要縮排,底下的程式則**縮排再縮排**

- **第 1 行**：建立名為 **Fruit** 的類別。

- **第 2 行**：將 'red' 字串指派給 color 變數，表示定義了 color 這個屬性。

- **第 3～4 行**：定義一個 **taste()** 函式，然後這個函式可以傳入一個名為 **self** 的參數。眼尖的讀者一定有注意到，第 3 行雖然寫了 self 參數，但函式內的程式碼（第 4 行）卻完全沒有用到啊？**這可不是寫錯**，Python 規定凡是在類別內定義函式時，無論哪個函式，**一定得寫一個 self 做為第 1 個參數**（ 編註：要講第 0 個參數也行，總之是排在最前面的那個參數），馬上就會說明原因，請先牢記這樣的規定。

> ★編註 **self 參數**當然也可以取其它名字，此例就算你寫 abc，或者拼錯成 solf，這個 taste() method 也可以正常使用，總之 () 裡面一定要寫一個名稱。只不過慣例都是使用 self，若您改用其他名稱，之後類別中任何該出現 self 的地方都必須改成這個名稱，建議您還是乖乖用 self 就好，免得搞得太亂，後續您就會知道原因。

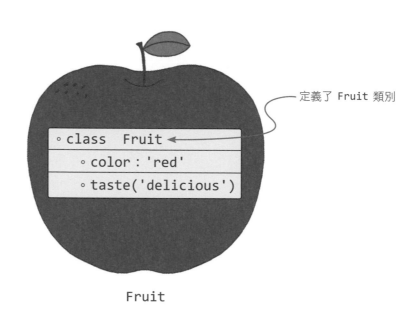

Fruit

定義了 Fruit 類別

定義好類別後，就試著來呼叫看看（呼叫的意思就是用這個類別建立一個物件啦！）。請接續前面的例子，繼續執行以下程式：

```
Shell
01 >>> class Fruit: ↵
02 ... [tab] color = 'red' ↵
03 ... [tab] def taste(self): ↵
04 ... [tab] [tab] return 'delicious' ↵
05 ... ↵
06 >>> apple = Fruit() ↵  ◄──── 使用 Fruit() 類別
07 >>> apple.color ↵          建立一個物件，並綁
   'red'                      定給 apple 變數
08 >>> apple.taste() ↵
   'delicious'
```

程式說明：

● **第 6 行**：當第 1 ～ 4 行定義好 Fruit() 類別後，如同呼叫函式一般，只要在類別名稱後面加上一對小括號即 **Fruit()** 並執行，就可建立一個新的物件，最後再將這個物件指派給 apple 變數。

> ★編註 如此一來 apple 就是一個物件囉！後面我們就會經常說，拿 apple 物件來幹嘛幹嘛，或者查看 apple 物件有什麼屬性…等等。

● **第 7 行**：依類別（藍圖）中撰寫的規格，開始對 apple 這個物件做各項操作。第 7 行是在 apple 後面以 . 連接 color 來查看 color 變數的值（這動作叫做「**查看 color 屬性的內容值**」）。提醒一下，**apple.color** 不是寫成 **apple.color()** 喔！沒有小括號，因為這是「屬性」，使用「method」時最後頭才需要加小括號。

● **第 8 行**：就是使用 method 了，同樣以 . 連接 taste()，就表示執行 apple 這個物件的 taste() method。

method 的 ( ) 裡面一定要加的第 1 參數：self 參數

前面我們提到，Python 規定：**凡是在類別內定義函式 (method) 時，無論哪個函式，一定得寫一個 self 做為第 1 參數 (即排在最前面的那個參數)。**

如果沒有寫 self 會發生什麼事呢？還有，明明同樣都是函式，為什麼到了類別裡面就必須加上 self 呢？底下換個例子來回答這兩個問題。

 ## 定義一個管理工讀生的 Staff() 類別

假設我們想建立一個 **Staff()** 類別來管理工讀生的薪水，類別裡面有一個 **salary()** 函式，是用來計算工讀生薪水：

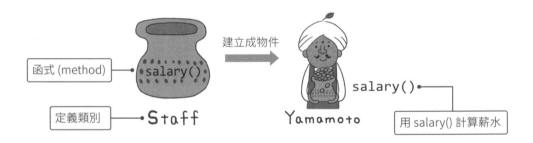

來將上圖的情境寫成程式吧！

♦ 演練 (一)

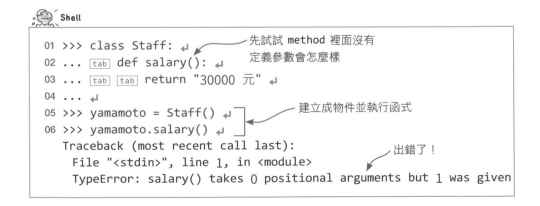

程式說明：

- **第 2 行**：在定義函式時，刻意沒寫上 self 參數。

- **第 5 行**：將 Staff() 類別建立成物件，指派給 yamamoto 變數。

- **第 6 行**：用 yamamoto.salary() 顯示薪水時出現了錯誤訊息，這行的意思是
「**salary() 函式沒有定義參數，卻有 1 個參數傳遞過來了**」。呢，我們第
2 行的確沒有定義 salary() 函式的參數，但第 6 行呼叫時並沒有傳入參數
啊！有點不可思議，看來執行第 6 行時，在我們沒有看到的地方有什麼
東西被當作參數傳入 salary() 了。

先按下這個問題，我們先來看按照規定輸入了 self 參數的程式：

◆ **演練 (二)**

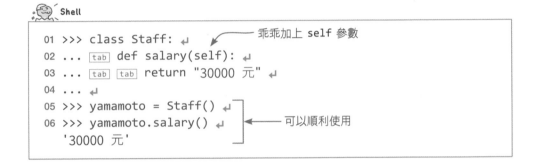

```
01 >>> class Staff:                  乖乖加上 self 參數
02 ... tab def salary(self):
03 ... tab tab return "30000 元"
04 ...
05 >>> yamamoto = Staff()            可以順利使用
06 >>> yamamoto.salary()
   '30000 元'
```

程式說明：

- **第 2 行**：在 Staff() 類別定義 salary() 函式時，加上了 self 參數。

- **第 5 行**：同樣在第 5 行用 Staff() 類別建立 yamamoto 物件。

- **第 6 行**：呼叫 salary() 函式後順利看到預期的傳回值 '30000 元 '。

可以看到按照規定輸入了 self 參數的演練（二）程式順利執行成功。而演練（一）的範例之所以會出錯，因為 Python 規定「**呼叫 method 時，至少會自動傳入 1 個 self 參數過去，如果定義 method 時漏了這個 self 參數就會出錯**」。針對這個規定，可能說破嘴初學者還是不太了解為什麼 Python 要如此規定，因此我們不如先看這個規定的好處在哪。

◆ 演練（三）

請改造一下剛剛的 Staff() 類別，在 salary() 的上面一行定義一個名為 bonus 的變數，這是用來表示工讀生的績效獎金：

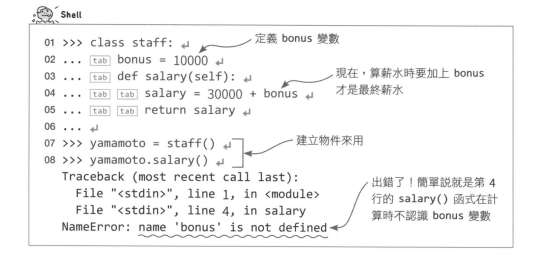

```
01 >>> class staff:           定義 bonus 變數
02 ...  tab  bonus = 10000
03 ...  tab  def salary(self):      現在，算薪水時要加上 bonus
04 ...  tab  tab  salary = 30000 + bonus      才是最終薪水
05 ...  tab  tab  return salary
06 ...
07 >>> yamamoto = staff()           建立物件來用
08 >>> yamamoto.salary()
   Traceback (most recent call last):
     File "<stdin>", line 1, in <module>      出錯了！簡單說就是第 4
     File "<stdin>", line 4, in salary        行的 salary() 函式在計
   NameError: name 'bonus' is not defined     算時不認識 bonus 變數
```

怪了！我們明明在第 2 行有定義 bonus 變數啊 ... 為什麼還是出錯？其實即使在同一類別中定義過變數，method 裡面若像第 4 行最後這樣寫 (+ bonus)，還是無法直接呼叫位於 method 外頭的 bonus 變數。

好煩喔！前面不是說了一大堆把變數跟函式一起彙整在類別裡面的好處嗎 ... 正是想彙整在一起，所以才在同個類別中定義了 method 和變數，如果無法從函式內部直接存取 bonus 變數就沒意義了 ... 哈！這就是 self 的用途啦！它可以讓「**類別內任何 method 都能使用類別中定義的 bonus 變數**」。很簡單，上面演練（三）的 salary() 裡面改個地方就行了。

◆ 演練（四）

```
01 >>> class Staff: ↵
02 ... [tab] bonus = 10000 ↵          原本是 bonus，改成
03 ... [tab] def salary(self): ↵      self.bonus
04 ... [tab][tab] salary = 30000 + self.bonus ↵
05 ... [tab][tab] return salary ↵
06 ... ↵
07 >>> yamamoto = Staff() ↵
08 >>> yamamoto.salary() ↵
    40000                              salary() 順利計算出來了！
```

程式說明：

● **第 4 行**：可以看到 self 和 .（點號）後方寫著 bonus，這樣 salary() 就可以使用 Staff() 類別裡面所定義的 bonus 變數了。

★ 小編補充 圖解 self 參數

到底什麼是 self 參數？先説結論，第 4 行看到的 **self.bonus**，其實就是 **yamamoto.bonus** 的意思，也就是説 self 就是建好的新物件「本身」（即 yamamoto 物件本身）。

以上例來説，第 8 行執行 **yamamoto.salary()**，就是呼叫 yamamoto 物件的 salary() method，這點沒問題，而呼叫 salary() 的同時，Python 會自動將 yamamoto 物件做為參數傳入 salary() 做為第一個參數（即 self 參數），這樣的好處是，即便這個 bonus 變數是定義在 salary() 外面，只寫 + bonus 的話 salary() 認不得，但 bonus 仍是在 Staff() 類別裡面啊，改寫成 **+ self.bonus**，就等於是寫 **+ yamamoto.bonus**，那 salary() 就認得囉！

→ 接下頁

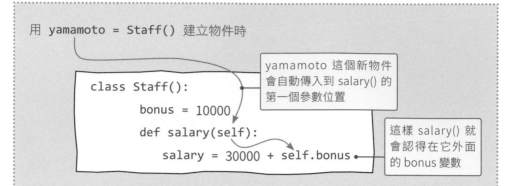

用 `yamamoto = Staff()` 建立物件時

yamamoto 這個新物件會自動傳入到 salary() 的第一個參數位置

```
class Staff():
    bonus = 10000
    def salary(self):
        salary = 30000 + self.bonus
```

這樣 salary() 就會認得它外面的 bonus 變數

再次強調，上圖的 self 雖然可以取其他名稱，因為 self 說到底也不過是個參數名稱而已，無論用什麼名稱，在呼叫 method 時 Python 都會將物件本身指派給第一個參數。但如果用其他名稱，例如定義函式時寫 salary(abc):，那麼函式裡面的 self.bonus 就得跟著改成 abc.bonus 喔！最好都用 self 啦！這是慣例，不然別人讀你的程式會覺得超怪，自己也容易亂！

__init__() method 的介紹與演練

Python 有一個特殊的 method，叫做 **__init__()**，init 是 initial（初始化）的意思，如果在類別中定義了 __init__() 這個 method，那每次用這個類別建立物件時都會自動執行這個 method，因此可以用它來做一些初始設定的工作，例如在這個 method 中初始化物件的變數，這樣物件建立之後就會預設具備這些變數了。

類別內的 __init__() 寫法如下：

```
class 類別名稱：
tab def __init__(self, 參數1, ...):
tab tab self.物件變數 = 參數1
tab tab 「希望建立物件時就自動執行」的程式區塊
tab def 其他 method(self, 參數...):
tab tab method 的程式區塊
```

這樣寫

繼續用先前的例子來說明 __init__() 的用法。前面 Staff() 類別中我們定義了一個 bonus 績效獎金變數，先前是在類別內寫 bonus = 10000，但這樣寫不僅 yamamoto 這位員工的 bonus 會始終是 10000，如果有其它員工（即建立其他物件），它們的 bonus 也一律會是 10000。

由於每個員工（物件）的 bonus 通常應該不一樣才對，為了寫出更彈性的類別，可以將 bonus 這個變數規劃成 __init__() method 的參數，意思就是在用 Staff() 類別建立物件時，使用者可以傳入不同的 bonus 值，例如 Staff(10000)、Staff(20000)，這個傳入的參數值會自動在 __init__() 運作，這就可以再用 salary() 算出不同員工的總薪水了，來看下面的程式碼：

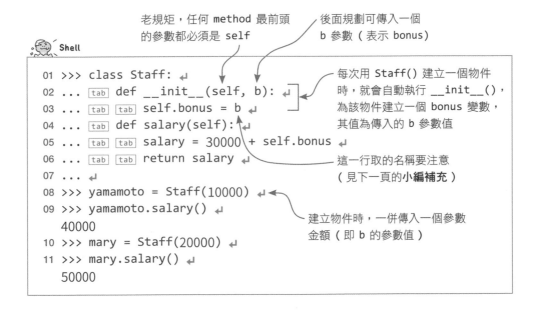

老規矩，任何 method 最前頭的參數都必須是 self

後面規劃可傳入一個 b 參數（表示 bonus）

```
01 >>> class Staff:
02 ... tab def __init__(self, b):
03 ... tab tab self.bonus = b
04 ... tab def salary(self):
05 ... tab tab salary = 30000 + self.bonus
06 ... tab tab return salary
07 ...
08 >>> yamamoto = Staff(10000)
09 >>> yamamoto.salary()
    40000
10 >>> mary = Staff(20000)
11 >>> mary.salary()
    50000
```

每次用 Staff() 建立一個物件時，就會自動執行 __init__()，為該物件建立一個 bonus 變數，其值為傳入的 b 參數值

這一行取的名稱要注意（見下一頁的**小編補充**）

建立物件時，一併傳入一個參數金額（即 b 的參數值）

程式說明：

● **第 2 行**：將 __init__() method 第 1 參數定義為 **self**、第 2 參數定義為 **b**。其中第 2 參數 b 就是這次我們之後建立物件時想要傳入的績效獎金。

● **第 3 行**：將 b 指派給 self.bonus 變數，這樣一來類別內其他 method 都可以用 self.bonus 來使用建立物件時所傳入的 b 參數值了。

請特別留意第 3 行 **self.bonus = b** 的寫法，很多書在介紹 __
init__() 參數傳遞時都會寫成底下這樣：

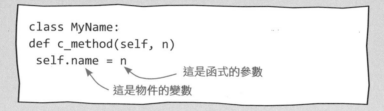

這樣寫的話程式不會出錯，而且說實話把 b 參數取為 bonus 參數可讀性還好
一點，但請注意 self.bonus 為物件的變數，而 bonus 本身則是 __init__() 函式
所定義的參數。兩者不一樣！因此前面我們才會寫 self.bonus = b，以免混淆。

很多書或文件的範例都有「self.name = name」這樣的寫法，其實這樣很容易
造成初學者混淆！小編建議應該如同前面寫成這樣：

```
class MyName:
def c_method(self, n)
 self.name = n
```
這是函式的參數
這是物件的變數

物件變數與函式參數取不同名字，這樣才比較清楚，不會搞混。

● **第 4 ～ 6 行**：跟之前的範例一樣沒有更動。

● **第 8 行**：建立物件時，將 10000 這個參數值傳入 Staff() 類別，實際上就
是會再轉傳給 __init__() method 做為參數（ 編註：因為 __init__() 建立物
件時會自動執行 ）。

● **第 9 行**：用 yamamoto.salary() 來呼叫 salary()。由於建立 yamamoto 物件
已經將 10000 指派給了 self.bonus，所以 salary() 會把 30000 加上 bonus
的 10000，最後輸出 40000。

● **第 10 ～ 11 行**：跟第 8 ～ 9 行類似，改建立另一個 mary 物件，第 10
行傳入 mary 的績效獎金 (20000)，第 11 行用 salary() 算 mary 的總薪水
(30000 + 20000 = 50000)。

小結

　　這樣應該熟悉定義類別的做法了吧！前面的例子都很簡單，不過類別是比較進階的語法，您之後所看到的例子可能除了 __init__() method 外，還定義很多函式，而這些函式會用到的變數通常會在 __init__() 就定義、產生出來。

　　例如底下這個 StaffInfo() 類別，可在建立物件時傳入不同員工的員工編號，之後就可以用「**物件名.method 名**」取得各員工的出勤時數、聘雇日期、培訓等級 ... 等資料。各函式的處理內容不是這裡的重點，底下只要觀摩類別的架構即可：

```
>>> class StaffInfo:
...     tab def __init__(self, staff_id):          ┐
...     tab tab self.staff_id = staff_id           ┘  ◄── 定義 __init__()
...     tab def getWorkingHours(self):              ┐
            利用 self.staff_id 計算出勤時數
            …省略
...     tab def getHireDate (self):
            利用 self.staff_id 查詢聘雇日期           ├── 定義其他 method
            …省略
...     tab def getTrainingRank (self):
            利用 self.staff_id 查詢培訓等級
            …省略                                    ┘
...
>>> yamamoto = StaffInfo('A00122')  ◄── 建立物件時傳入員工編號
>>> yamamoto.getWorkingHours()  ◄── 計算出勤時數
'50hours'
>>> yamamoto.getHireDate()  ◄── 查詢聘雇日期
'2015-11-29'
>>> yamamoto.getTrainingRank()  ◄── 查詢培訓等級
'Beginer'
```

> ★編註 這個例子的 __init__() 非常單純，附錄 B 我們將介紹一個 tkinter + WebAPI 的實戰例，該例的 __init__() 的內容就非常「豐富」，您可以充分見識到真正實戰面的例子！

MEMO

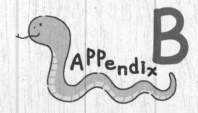

tkinter × WebAPI
打造桌面應用程式

本附錄將利用**大都會藝術博物館** (The Metropolitan Museum of Art) 網站的 WebAPI，製作可以連線瀏覽美術作品的 tkinter 桌面程式。B-1 節會先帶您熟悉這個 WebAPI 的基本用法，B-2 節～ B-3 節則實際使用 tkinter 進行開發。

B-1

熟悉「大都會藝術博物館」 WebAPI 的用法

大都會藝術博物館的 WebAPI（https://metmuseum.github.io/）提供了多達 48 萬件藝術品的連線資訊，本章將用這個 API 來打造搜尋、展示藝術品的機制。WebAPI 的存取做法和第 5 章介紹的差不多，大致上就是使用 requests 套件連到 WebAPI 的網址，提出存取請求後，再處理傳回來的各項藝術品資料。

連線到 WebAPI 網址取得資訊

我們先把 tkinter 擺一旁，先試試如何單用 requests 套件跟這個 WebAPI 連線，取得的又是什麼樣的資訊。大都會藝術博物館的 WebAPI 網址如下：

▶ **The Metropolitan Museum of Art Collection API**

URL https://collectionapi.metmuseum.org/public/collection/v1/objects

用 requests 套件存取這個網址可以取得 2 項資訊：

① 作品總量 (total)。

② 各作品的 ID 清單 (objectIDs)。

底下來演練一下取得作品總量：

 Shell

```
>>> import requests ↵
>>> api_url = 'https://collectionapi.metmuseum.org/public/
        collection/v1/objects' ↵
>>> response = requests.get(api_url) ↵          用 requests 套件連到
                                                 API 網址取得資料
>>> response_dict = response.json() ↵
                                        使用 json() method 將傳回的結果
                                        轉換成 JSON 格式的資料（類似字典）
```

```
>>> response_dict.keys()
dict_keys(['total', 'objectIDs'])
>>> response_dict['total'] ↵
482227
```

因為類似字典，可使用 keys() method
確認這個字典有哪些 '鍵'

有兩個鍵，分別是
「作品總量 (total)」
跟「各作品的 ID 清單
(objectIDs)」

這是總量。由於展品持續
增加，因此您看到的數字
可能會跟這裡不一樣

以鍵查值，印出
'total' 所對應的值

WebAPI 的簡單運用：搜尋藝術品資訊

這個 API 提供了關鍵字查詢藝術品的功能，API 的官網有說明網址後面可以加哪些「? 參數」來查，這裡來示範 **q** 和 **hasImages** 參數。**q** 參數可以指定搜尋關鍵字，而 **hasImages** 參數指定為 true 就只會取得「有圖片」資料的作品 ID。底下是用 'python' 關鍵字來示範：

 Shell

```
01 >>> import requests, pprint
02 >>> search_api_url = 'https://collectionapi.metmuseum.org/
          public/collection/v1/search?' ↵
03 >>> query_parameter = 'q=python&hasImages=true' ↵
04 >>> search_url = search_api_url + query_parameter ↵
05 >>> print(search_url) ↵
   https://collectionapi.metmuseum.org/public/collection/v1/
   search?q=python&hasImages=true
06 >>> search_response = requests.get(search_url) ↵
07 >>> pprint.pprint(search_response.json()) ↵
{'objectIDs': [436098,
               551786,
               472562,
               317877,
               544740,
----(略)----
               733847,
               437936,
               450761,
               435678],
 'total': 102}
```

將 API 網址改成這樣
（最後面加上 search?）

這是 ? 問號後面要加上去的字串

印網址出來看看

把網址串在一起

取得符合關鍵字
的作品 ID

- **第 2 ～ 4 行**：首先要準備搜尋用的網址，在第 4 行將 search_api_url 和 query_parameter 兩個字串合併。

- **第 6 行**：使用 requests 套件進行搜尋，取得作品 ID。

- **第 7 行**：使用 pprint 模組確認取得結果時，可以從最尾端的 'total' 得知程式取得了 102 個作品的 ID (objectIDs)。

接著，再從取得的 objectIDs 中任選一個，看看該作品的名稱跟圖片內容：

```
Shell

01  >>> get_object_url = 'https://collectionapi.metmuseum.org/
        public/collection/v1/objects/435864'  ↵

                          API 網址改成這樣，直接在
                          objects 後面輸入 '/ 作品 ID'

02  >>> object_response = requests.get(get_object_url)  ↵

                          取得單一作品的資訊

03  >>> object_response.json()['objectURL']  ↵
    'https://www.metmuseum.org/art/collection/search/435864'
04  >>> object_response.json()['title']  ↵
    'A Woman with a Dog'
05  >>> object_response.json()['primaryImageSmall']  ↵
    'https://images.metmuseum.org/CRDImages/ep/web-large/DP-17613-
        001.jpg'
```

程式說明：

- **第 1 行**：在取得的 102 個 objectID 中挑了「**435864**」，把這個 ID 數字加到 API 網址的後面，這樣就備妥該作品的連線網址。

- **第 2 行**：用 requests 套件取得該作品的資訊。

- **第 3 ～ 5 行**：分別用「**'objectURL'** 查作品網址」、「**'title'** 查作品名稱」、「**'primaryImageSmall'** 查作品圖片網址」。將第 5 行傳回的網址複製下來，貼到瀏覽器就可以看看此作品的模樣（要記得去掉兩端的「'」）。

▲ 本例從 WebAPI 挖到的作品（A Woman with a Dog）

> ◆ 編註 第 3 ～ 5 行是針對取得的 json 資料「以鍵查值」，本節要製作的應用程式會利用同樣的做法取得作品的各種資訊，若想知道有哪些「鍵」可以查，所對應的「值」又是什麼，可以參考 **https://metmuseum.github.io/#object** 網站的説明。

B-2

開始製作「可連線瀏覽藝術作品」的桌面程式

開始用 tkinter 跟前一節介紹的 WebAPI 來打造桌面應用程式吧！這是本書最後一個範例，集結了前面提過的各種觀念。難度雖然稍大，但能製作出有模有樣的應用程式會很有成就感喔！程式的部分我們會循序漸進解說每一行帶您理解。

請先從書附下載範例內找到「**chbb / 1. mma_viewer.py**」範例，用 Spyder 開啟，這支程式共有 140 多行，先執行看看體驗一下它的功能。

先玩玩範例，熟悉各種功能

在 Spyder 內執行 1. mma_viewer.py 後就會啟動應用程式，畫面如下：

可以輸入關鍵字來瀏覽作品

會有一個初始畫面

在左圖中，在輸入框中輸入關鍵字，再按下 **Search** 按鈕，就會連線到藝術博物館的 WebAPI 搜尋作品並顯示作品圖片。

關鍵字可以輸入作品名稱可能包含的「cat」、「dancer」、或者作品類型的「paintings」等等。作者在嘗試時，不管搜尋什麼關鍵字，大多都會有幾十件以上的作品 ID (objectID) 傳回來。不過這個 API 的搜尋準度似乎沒有很高，常常會取得和關鍵字無關的作品。如果 API 的精準度可以跟大都會藝術博物館官網 (https://www.metmuseum.org/art/collection) 的搜尋功能同等級就更好了。在視窗中按下 **Next** 或 **Prev** 可以切換找到的作品，按下 **Random** 按鈕則會隨機顯示一件所搜到的作品。

以上就是這個應用程式的功能，請務必熟悉一下，對於待會理解程式內容大有幫助。

 ## 一覽程式碼的結構

接著來解說 「**1. mma_viewer.py**」 這支程式的細節。我們先從**整體**看起，再逐步解說**細項**。整體來看這支程式有 3 大結構：

- （一）匯入需要的函式庫。
- （二）定義一個 **MetropolitanApp()** 類別，集結了應用程式所有的功能。
- （三）建立 base 空視窗，再配置 MetropolitanApp() 類別內的各種物件。

```
from PIL import Image, ImageTk                                    （一）1～3 行
import tkinter as tk
import requests, random, io

class MetropolitanApp:                                           （二）5～134 行
      1. def __init__(self, base):
      2. def searchArt(self):
      3. def nextArt(self):
      4. def prevArt(self):
      5. def selectRandom(self):
      6. def getArtObject(self, object_id):
      7. def displayArt(self, object_id):
      8. def displayArtImage(self, art_object):
      9. def displayArtInfo(self, art_object):
     10. def resizeArtImage(self, art_image):

base = tk.Tk()                                                  （三）137～142 行
base.title('The Metropolitan Museum of Art Collection Viewer')
base.geometry('500x700')
app = MetropolitanApp(base)
base.mainloop()
```

▲ 程式整體結構

頭、尾很單純，中段的「**定義 MetropolitanApp() 類別**」算是重中之重，我們就依照（一）→（三）→（二）的順序逐一來看。

 ## 程式結構 (一)：匯入會用到的函式庫

```
1   from PIL import Image, ImageTk
2   import tkinter as tk
3   import requests, random, io
```

程式說明：

- **第 1 行**：從第 5 章介紹的 Pillow 套件匯入 **Image** 和 **ImageTK** 模組。程式使用 API 取得圖片網址後，會需要用這些模組讓圖片顯示在視窗中。

- **第 2 行**：匯入 **tkinter** 模組。

- **第 3 行**：匯入 3 個模組。包括存取 WebAPI 的 **requests** 套件、可取得隨機數值的 **random** 模組、以及本書第一次出現的 **io** 模組。io 模組的用途是可以不用將圖片存在電腦內，直接顯示在 tkinter 視窗上（細節後述）。

 ## 程式結構 (三)：建立應用程式的 base 和 MetropolitanApp() 類別的物件

```
138  base = tk.Tk()
139  base.title('The Metropolitan Museum of Art Collection Viewer')
140  base.geometry('500x700')
141  app = MetropolitanApp(base)
142  base.mainloop()
```

程式執行完（一）後，接著會執行（三）的這些程式，當中最關鍵的是**第141 行**，就是去用（二）所建立的 **MetropolitanApp()** 類別建立物件。

程式說明：

- 第 **138** 行：和第 6 章的做法一樣，建立 base 這個基底視窗。

- 第 **139** 行：設定視窗的標題。

- 第 **140** 行：將視窗大小設為「500x700」。

- 第 **141** 行：用 MetropolitanApp() 類別建立物件。建立物件時首先會執行程式結構（二）裡面的 **1.**__init__() 初始化函式，它會建立出所有需要用到的變數資料。

- 第 **142** 行：執行 mainloop() 函式顯示視窗。

 ## 程式結構 (二)：
應用程式功能和各區的樣式全寫在此類別

```
class MetropolitanApp:
        1. def __init__(self, base):
        2. def searchArt(self):
        3. def nextArt(self):
        4. def prevArt(self):
        5. def selectRandom(self):
        6. def getArtObject(self, object_id):
        7. def displayArt(self, object_id):
        8. def displayArtImage(self, art_object):
        9. def displayArtInfo(self, art_object):
       10. def resizeArtImage(self, art_image):
```

包含 **1.**__init__() 函式在內，MetropolitanApp() 類別總共定義了 10 個函式，底下來介紹各函式的概要。

♦ 初始化函式

1. __init__(self, base)：這是用來準備程式會用到的所有變數，一些配置物件的程式也寫在這裡。

◆ 操作按鈕後會執行的函式

2. **searchArt(self)**：這是按下 **Search** 鈕會執行的函式。它會根據輸入的關鍵字連到 WebAPI 取得作品的 ID。此外，為了在中間的大區域顯示第一件作品，還另外呼叫了 **7.displayArt()** 函式。

3. **nextArt(self)**：這是按下 **Next** 鈕會執行的函式，很簡單就是切換到下一張作品。

4. **prevArt(self)**：這是按下 **Prev** 鈕會執行的函式，就是切換到上一張作品。

5. **selectRandom (self)**：這是按下 **Random** 鈕時會執行的函式。它會從搜尋到的作品中隨機秀一張出來。

◆ 取得作品資訊（詳細資料 / 圖片）的函式

6. **getArtObject(self, object_id)**：將作品 ID 作為參數傳遞給這個函式，它就會透過 API 取得作品的詳細資訊。視窗中每顯示一件作品就會呼叫這個函式一次。

◆ 顯示作品（圖片 / 作品詳情）的函式

7. **displayArt(self, object_id)**：傳遞作品 ID 給這個函式後，它就會取得作品資訊，並把必要的資訊傳遞給 **8.displayArtImage()** 和 **9. dsiplayArtInfo()** 函式。

8. **displayArtImage(self, art_object)**：將作品資訊作為參數傳遞給這個函式，它就會從資訊中取得圖片網址，並在畫面上顯示圖片。

9. **displayArtInfo(self, art_object)**：將作品資訊作為參數傳遞給這個函式，它就會在視窗最下面顯示作品詳情。

◆ 圖片加工的函式

10. **resizeArtImage(self, art_image)**：將圖片資料傳入這個函式，它會修正圖片大小，讓圖片可以完整顯示在視窗畫面。

B-3

MetropolitanApp() 類別內的函式說明

前一節提到，**1. mma_viewer.py** 範例中段所定義的 MetropolitanApp() 類別最是關鍵，本節就來好好看 MetropolitanApp() 類別中各函式的內容。我們從操作面來分類，看看各操作用到了哪些函式會比較好理解。這個應用程式的操作主要有四個部分：

操作 (一)： 使用 Python 指令啟動應用程式
操作 (二)： 輸入想搜尋的關鍵字，按下 Search 按鈕
操作 (三)： 按下 Next 或 Prev 按鈕
操作 (四)： 按下 Random 按鈕

 ## 「操作 (一) 使用 Python 啟動應用程式」會用到的函式

操作 (一) 啟動應用程式時會用到以下 6 個函式：

1. `__init__()`

7. `displayArt()`

6. `getArtObject()`

   8. `displayArtImage()`

   9. `displayArtInfo()`

   10. `resizeArtImage()`

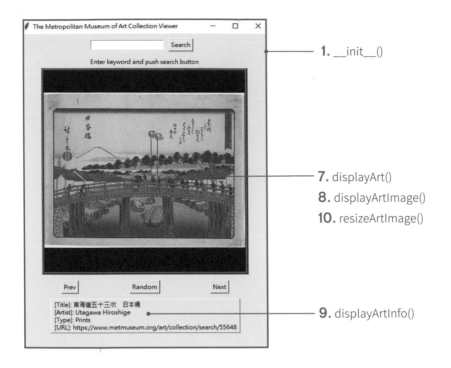

最開始的 **1. __init__()** 函式行數有點多，不過幾乎都是「**要將應用程式的元件配置在哪裡**」這類的初始化設定。下面會照順序說明這 6 個函式。

♦ 1. __init__() 函式的內容解說

```
6      def __init__(self, base):
7          # 設定 WebAPI 網址
8          self.api_object_url = 'https://collectionapi.metmuseum.
               org/public/collection/v1/objects/'
9          self.api_search_url = 'https://collectionapi.metmuseum.
               org/public/collection/v1/search?'
10
11         # 設定變數
12         self.total_num = 0      ← 搜到的作品件數 （例：23/122 當中的 122）
13         self.index_num = 0      ← 目前顯示哪一個編號 （例：23/122 當中的 23）
14         self.canvas_width = 400  ← canvas （用於顯示圖片的元件）的寬度
15         self.canvas_height = 400 ← canvas 的高度
16         self.art_ids = []       ← 串列型別的變數，用於存放搜尋取得
                                        的作品 ID （一開始是空串列 [ ]）
17         self.art_info = tk.StringVar() ← 顯示作品資訊 （作品名稱
                                               等等 ）的變數
```

```
18
19        # 初始畫面所顯示的作品 ID
20        default_art_id = 55648 ←── 指定隨便一個作品 ID，
21                                     會在初始畫面顯示
22        # 設定 frame 區塊
23        search_frame = tk.Frame(base) ←── 配置「輸入框 + Search」區塊

24        control_frame = tk.Frame(base) ←── 配置 3 個按鈕的區塊
25
26        # 設定顯示搜尋結果的 label 區          顯示搜尋取得的作品
27        self.label_text = tk.StringVar() ←   件數的 label
28        self.label_text.set('Enter keyword and push search
          button')
29        self.label = tk.Label(base, textvariable=
          self.label_text) ←── 設定搜尋前要顯示的文字
30                             ( 例：Enter keyword and push search button)
31        # 設定文字輸入框
32        self.entry = tk.Entry(search_frame) ←── 輸入框
33
34        # 按鈕的設定
35        self.search_button = tk.Button(search_frame,
            text='Search', command=self.searchArt) ←── Search 鈕
36        self.random_button = tk.Button(control_frame,
            text='Random', command=self.selectRandom) ←── Random 鈕
37        self.next_button = tk.Button(control_frame,
            text='Next', command=self.nextArt) ←── Next鈕
38        self.prev_button = tk.Button(control_frame,
            text='Prev', command=self.prevArt) ←── Prev 鈕
39
40        # 設定 canvas 和預設顯示的作品
41        self.canvas = tk.Canvas(base, bg='black',
            borderwidth=5, relief=tk.RIDGE, width=self.canvas_
            width, height=self.canvas_height) ←── 放置作品圖片的畫布
42        response = self.getArtObject(default_art_id) ←
                          使用 API 取得預設會顯示的那張作品資訊
43        image_url = response['primaryImageSmall'] ←
                          從 API 傳回的資訊中取得作品圖片網址
44
45        # 顯示預設的作品圖片
46        image_pil = Image.open(io.BytesIO(requests.get(image_
            url).content)) ←── 從作品的圖片網址轉換成圖片資料
47        image_pil = self.resizeArtImage(image_pil) ←
                          配合 canvas 大小調整圖片大小
```

▼

tkinter×WebAPI 打造桌面應用程式

```
48    self.photo_image = ImageTk.PhotoImage
          (image_pil) ◄── 將圖片資料轉換成 tkinter 能顯示的格式
49    self. canvas_number = self.canvas.create_image(self.
          canvas_width/2 + 5, self.canvas_height/2 + 5,
          anchor=tk.CENTER, image=self.photo_image)

              將預設圖片顯示在 canvas 的中心，並將 canvas 的號
              碼保存在 canvas_number 中（ 編註： 建立 canvas 時
              會產生 canvas 的號碼。這次因為只有一個 canvas，
              所以數字 1 會存入 canvas_number 中）
50
51    # 最下面那塊作品詳情區的設定
52    self.artInfoArea = tk.Message(base, relief="raised",
          textvariable=self.art_info, width=
          self.canvas_width) ◄── 設定作品詳情區的位置
53    self.displayArtInfo(response) ◄── 呼叫顯示作品詳情的函式
54
55    # 將各物件配置在 base 視窗上
56    search_frame.pack()
57    self.entry.grid(column=0, row=0, pady=10)
58    self.search_button.grid(column=1, row=0, padx=10,
          pady=10)
59
60    self.label.pack()
61    self.canvas.pack()
62
63    control_frame.pack()
64    self.prev_button.grid(column=0, row=0, padx=50,
          pady=10)
65    self.random_button.grid(column=1, row=0, padx=50,
          pady=10)
66    self.next_button.grid(column=2, row=0, padx=50,
          pady=10)
67
68    self.artInfoArea.pack()
```

1. __init__() 函式是從類別建立物件時會執行的初始化函式，在這個函式中還執行了其他幾個函式，用途是定義變數、配置 tkinter 的元件，以及應用程式的初始設定。

前面程式碼旁邊有做了簡單的說明，這裡再針對第 6 章沒介紹過的類別和圖片處理手法做說明。

關於 StringVar() 類別的程式說明：

● 第 17 行、第 27 行：

```
17 self.art_info = tk.StringVar()
27 self.label_text = tk.StringVar()
```

這兩行的 art_info 變數跟 label_text 變數都設定了 **StringVar()**。StringVar() 和 6-1 節的 IntVar() 一樣，可以將設定的內容值顯示到 tkinter 畫面上。**art_info** 變數是顯示作品詳情，**label_text** 變數則是要顯示作品的號碼，兩者存放的都是「按下按鈕後」要顯示到視窗的文字，因此設定為 StringVar()。

關於 Entry() 類別的程式說明：

● 第 32 行：**Entry()** 類別是用來建立關鍵字輸入框。

● 第 71 行：承上，輸入的關鍵字可以用 Entry() 物件的 **get()** method 來取得。

```
32 self.entry = tk.Entry(search_frame)
71 search_art_url = self.api_search_url + 'q=' + self.entry.get() +
      '&hasImages=true'
```

關於 Canvas() 類別的程式說明：

● 第 41 行：使用 tkinter 的 **Canvas()** 類別。Canvas 簡單説就是畫布，搜尋找到的藝術品圖片就會放在這塊大畫布上：

```
41 self.canvas = tk.Canvas(base, bg='black', borderwidth=5,
    relief=tk.RIDGE, width=self.canvas_width, height=self.
    canvas_height)
```

讀者可以參考底下的介紹修改第 41 行的設定，再重新執行 1. mma_viewer. py 程式，這樣可以快速知道第 41 行這些參數的作用：

參數	用途
bg	background 的簡稱，可以設定 canvas 本身的顏色
borderwidth	canvas 外框的粗細，數字越大框越粗
width	canvas 橫向的長度
height	canvas 直向的長度
relief	canvas 外框的樣式，有以下 6 種

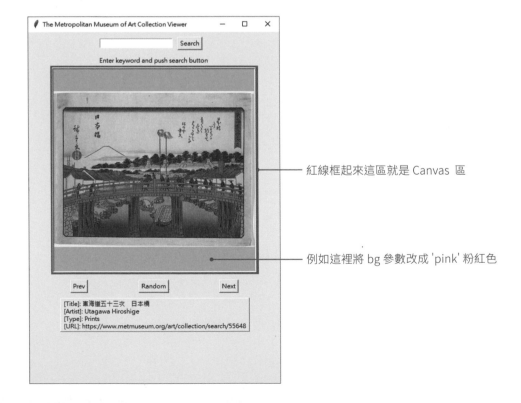

紅線框起來這區就是 Canvas 區

例如這裡將 bg 參數改成 'pink' 粉紅色

關於 Pillow 和 io 函式庫的程式說明：

● **第 46 行**：一般來說，在 Canvas 上顯示圖片並不需要用到 **Pillow** 和 **io** 函式庫，這次會在第 46 行使用這兩個函式庫是有原因的。首先，由於大都會藝術博物館圖片的壓縮格式是 tkinter 不支援的 jpeg 格式，所以要使用 Pillow 套件來顯示 jpeg 圖片。

其次，用上 io 模組就不用為了在 tkinter 上顯示圖片而將圖片存在電腦上。回憶一下第 5 章介紹 Pillow 時，我們是先把圖片儲存在電腦上，才介紹 Pillow 的用法。如果要顯示的圖片數量很少，存個圖片倒也沒有關係，不過這次會有數十甚至數百張圖片，我們並不希望只為了在應用程式上顯示圖片，而把這些圖片通通存到電腦內，為此用了上 io 函式庫並撰寫第 46 行的程式：

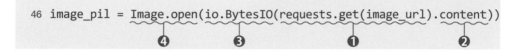

```
46  image_pil = Image.open(io.BytesIO(requests.get(image_url).content))
                ④              ③              ①                ②
```

第 46 行的程式有點高段，把很多處理寫在同一行，大致理解它在做什麼就可以了，先從內層的小括號開始看。❶ 用了 **requets.get()** 連到圖片網址，下載 jpeg 的資料。取得資料之後，在後面加上 **.content** ❷，可以把 .content 想成是用字串來表現圖片資料。接著把資料傳入 **io.BytesIO()** ❸ 讓這個資料更易於使用。最後傳入 Pillow 的 **Image.open()** ❹，將這個資料轉換成 Pillow 可以使用的圖片資料（即 image_pil 變數）。

● **第 47 行**：使用 **resizeArtImage()** 函式將 image_pil 縮小成能完整顯示在 canvas 上的大小。

```
47  image_pil = self.resizeArtImage(image_pil)
```

● **第 48 行**：使用 Pillow 的 **ImageTk**，將 image_pil 轉換成可以在 tkinter 上顯示的格式。

```
48  self.photo_image = ImageTk.PhotoImage(image_pil)
```

雖然有點複雜，不過依 46 ～ 48 行的順序操作，就能在不儲存圖片的情況下在 tkinter 視窗顯示 jpeg 圖片。

關於 Message() 類別的程式說明：

● **第 52 行**：tkinter 的 **Message()** 類別和 Label() 類別很相似，由於這次我們要顯示多行的文字，所以第 52 行不是用 Label，而是使用 Message。

```
52 self.artInfoArea = tk.Message(base, relief="raised",
        textvariable=self.art_info, width=self.canvas_width)
```

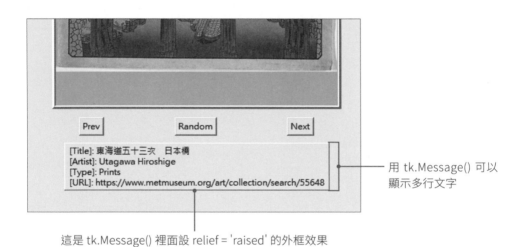

用 tk.Message() 可以
顯示多行文字

這是 tk.Message() 裡面設 relief = 'raised' 的外框效果

配置各個物件的位置：

● **第 55 ～ 68 行：**

```
55      # 將各物件配置在 base 視窗上
56          search_frame.pack()
57          self.entry.grid(column=0, row=0, pady=10)
58          self.search_button.grid(column=1, row=0, padx=10, pady=10)
59
60          self.label.pack()
61          self.canvas.pack()
62
63          control_frame.pack()
```

```
64          self.prev_button.grid(column=0, row=0, padx=50, pady=10)
65          self.random_button.grid(column=1, row=0, padx=50, pady=10)
66          self.next_button.grid(column=2, row=0, padx=50, pady=10)
67
68          self.artInfoArea.pack()
```

首先，**第 56 行**將「輸入框 + Search」這個 **search_frame** 區塊配置在 base 視窗中（ 編註：回憶一下 search_frame 區塊是在 **1.**__init__() 函式的第 23 行執 行的 ）。

> ★編註 其實有沒有 Frame 對應用程式的功能沒什麼影響，本例只是為了讓
> 多個物件可以配置得更漂亮而使用。只要用 Frame 的框將元件包圍起來，就
> 能針對不同的元件選擇要使用 pack() 還是 grid() 配置，例如「Frame 用 grid()
> 配置」、「Frame 外用 pack() 配置」。如果沒用 Frame 的話，就無法同時使
> 用 pack() 和 grid()。

接著，依照下圖依序配置各個物件：

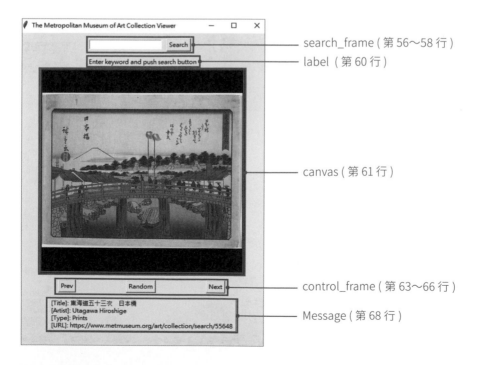

search_frame（ 第 56～58 行 ）
label（ 第 60 行 ）
canvas（ 第 61 行 ）
control_frame（ 第 63～66 行 ）
Message（ 第 68 行 ）

依上圖所示，先用 pack() 將以下的元件從上往下縱向排列。然後在 search_frame 中將 Entry（輸入框）和 Button 兩個元件並排，在 control_frame 中將 3 個 Button 並排。

> ◆編註 呼～ 1.__init__() 函式終於看完了，量實在不少，別忘了目前都還在介紹「**操作（一）使用 Python 啟動應用程式**」會用到的函式喔！我們接著來看操作（一）還會觸發哪些函式。

◆ 6.getArtObject() 函式的內容解說

將 ID 傳遞給 **6.getArtObject()** 函式，它就會透過 WebAPI 傳回這個 ID 的作品資訊：

```
102    def getArtObject(self, object_id):
103        get_object_url = self.api_object_url + str(object_id)
104        api_response = requests.get(get_object_url) ◀── 取得作品資訊
105        return api_response.json()
```

程式說明：

● 第 **103** 行：組合出 WebAPI 的網址。

● 第 **104** 行：送出 API 請求並接收結果。

● 第 **105** 行：將收到的資訊傳成 json 格式。

◆ 7.displayArt() 函式的內容解說

```
107    def displayArt(self, object_id):
108        art_object = self.getArtObject(object_id) ◀── 取得作品資訊
109        self.label_text.set(str(self.index_num + 1) + ' / ' +
               str(self.total_num)) ◀── 顯示作品件數
110        self.displayArtImage(art_object) ◀── 顯示作品圖片
111        self.displayArtInfo(art_object) ◀── 顯示作品資訊
```

程式說明：

- 第 **108** 行：**7.**displayArt() 函式呼叫了 3 個函式。這一行是將 ID 傳入 **6.getArtObject()** 函式取得作品資訊。

- 第 **110** 行：將 108 行的結果傳入 **8.displayArtImage()** 函式來顯示作品圖片。

- 第 **111** 行：將 108 行的結果傳入 **9.displayArtInfo()** 函式來顯示作品詳情。

- 第 **109** 行：

```
109        self.label_text.set(str(self.index_num + 1) + ' / ' +
               str(self.total_num))  ◄─── 顯示作品件數
```

用 **label_text** 將「搜到的總件數」以及「現在顯示第幾件」整合起來顯示，若搜到 100 件作品而目前顯示是第 10 件，就是顯示 10/100。會將 self.index_num 加上 1，是因為程式的串列是從 0 起算，和畫面上要顯示的「第幾件」作品會差 1，所以加上 1 來填補這個差距。

> **◆TIP** 如果搜尋結果是 100 件，應用程式要顯示的數字我們希望是 1 ～ 100，不過串列中的索引編號 index_num 是 0 ～ 99，因此把 index_num 加上 1 來顯示。

而 **total_num** 是取得作品的總數，不論程式中儲存的總數，或者 tkinter 視窗上顯示的數字都會相同，如果有 100 件就會是 100，直接顯示出來即可。

♦ 8.displayArtImage() 函式的內容解說

```
113    def displayArtImage(self, art_object):
114        image_url = art_object['primaryImageSmall']
115        image_pil = Image.open(io.BytesIO(requests.get(image_
               url).content))
116        image_pil = self.resizeArtImage(image_pil)
117        self.photo_image = ImageTk.PhotoImage(image_pil)
118        self.canvas.itemconfig(self. canvas_number, image=self.
               photo_image)
```

- **第 114 行**：art_object 變數的內容是存放作品資訊的 JSON 格式資料。這一行利用 art_object 變數「以鍵查值」，也就是利用 **'primaryImageSmall'** 這個鍵來取得圖片的網址。

- **第 115 行**：如前面第 46 行的說明。

- **第 116～117 行**：調整圖片大小後顯示在 canvas 上。

- **第 118 行**：第一次使用 **canvas.itemconfig()** 這個 method。在 **1.__init__()** 函式中已經設定並配置完 canvas 這個元件了，這裡的處理是替換已經顯示在 canvas 上的圖片。第 1 個參數傳入要替換預設圖片的 canvas 號碼 (即第 49 行的 canvas_number)，第 2 個參數則傳入要顯示的作品圖片資料 (photo_image)。

♦ 9.displayArtInfo() 函式的內容解說

這個函式主要是接收 art_object 變數後，建立要顯示在 Message 區中的作品詳情：

```
120    def displayArtInfo(self, art_object):
121        art_info_text = '[Title]: ' + art_object['title'] + '\n'
122        art_info_text += '[Artist]: ' + art_
               object['artistDisplayName'] + '\n'
123        art_info_text += '[Type]: ' + art_
               object['classification'] + '\n'
124        art_info_text += '[URL]: ' + art_object['objectURL']
125
126        self.art_info.set(art_info_text)
```

程式說明：

- **第 121～124 行**：依照順序將要顯示的資訊串起來，指派給 art_info_text 變數，每一行最後加上 '\n' 代表斷行顯示。

● **第 126 行**：使用 set() method 將資料存放在 art_info 變數中。

♦ 10.resizeArtImage() 函式的內容解說

這個函式會調整圖片的大小，讓圖片大小不會超出 canvas 的區域：

```
128    def resizeArtImage(self, art_image):
129        if (art_image.width > art_image.height):
                        判斷「橫向跟縱向哪邊長」，分成
                        130 行 跟 132 行兩種處理方式
130            resize_ratio = round(self.canvas_width / art_image.
                   width, 2)
131        else:
132            resize_ratio = round(self.canvas_height / art_
                   image.height, 2)
133        art_image = art_image.resize((int(art_image.
                   width*resize_ratio), int(art_image.
                   height*resize_ratio)))  ——— 調整圖片大小
134        return art_image
```

程式說明：

● **第 129 行**：先確認圖片橫向、縱向哪邊比較長。只要確認長的那邊不會
超出 canvas 的大小，短的那邊也就不會超出 canvas。

● **第 130、132 行**：用 canvas 的邊長除以圖片的邊長，算出兩者的比例
(resize_ratio)。這裡使用了 **round()** 函式將算出來的結果取到小數點第二
位。

● **第 133 行**：算出 canvas 和圖片的邊長比例後，使用 **resize()** 將圖片的長
邊和短邊乘上算出來的比例。

● **第 134 行**：傳回調整尺寸後的圖片。

至此「**操作 (一) 使用 Python 啟動應用程式**」用到的函式全看完了,接下來就相對單純了,滿多都是反覆用前面介紹過的函式。

「操作 (二) 輸入想搜尋的關鍵字,按下 Search 按鈕」會用到的函式

操作 (二) 會用到以下 5 個函式:

2.searchArt() `new!!`

7.displayArt()

    6.getArtObject()

    8.displayArtImge()

    9.displarArtInfo()

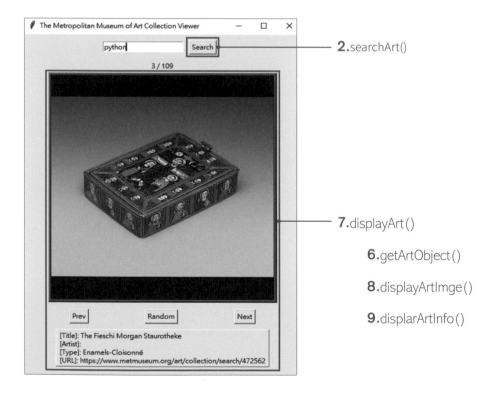

2.searchArt()

7.displayArt()

    6.getArtObject()

    8.displayArtImge()

    9.displarArtInfo()

2.searchArt() 函式會在使用者按下 Search 鈕時執行，而執行時會呼叫 **7.**displayArt() 函式（以及在它裡頭執行的三個函式）。除了 **2.**searchArt() 外前面都介紹過了，底下只針對 **2.**searchArt() 做解說。

♦ 2. searchArt() 函式

當使用者按下 Search 搜尋後，這個函式會把搜尋結果顯示在 tkinter 視窗上：

```
70    def searchArt(self):
71        search_art_url = self.api_search_url + 'q=' + self.
          entry.get() + '&hasImages=true' ◄── 建立搜尋用的 API 網址

72        response = requests.get(search_art_url) ◄── 將 API 網址傳入
                                                      requests.get()
73        response_dict = response.json()              來取得搜尋結果
74
75        self.index_num = 0 ◄── 初始化「 index_num / total_num 」
76        # 存放搜尋結果            當中的 index_num 編號
77        self.total_num = response_dict['total']
78        self.art_ids = response_dict['objectIDs']
79        self.displayArt(self.art_ids[0])
```

程式說明：

- 第 71 行：當中用了 **self.entry.get()** 來取得使用者輸入的關鍵字。

- 第 72 行：將取得的關鍵字和 API 的網址串起來，就會變成搜尋用的網址。

- 第 73 行：將第 72 行的搜尋結果存放在 response_dict 變數中，從名稱可以知道 response_dict 會是一個字典。

- 第 77 ～ 78 行：以鍵查值，用 'total' 來查總件數，再用 'objectIDs' 得到串列型別的作品 ID。

- 第 79 行：將 art_ids 串列的第 0 項 ID 傳入 displayArt() 函式，表示把搜到的第 0 張作品顯示出來。

「操作 (三)：按下 Next 或 Prev 按鈕」會用到的函式

操作 (三) 會用到以下 6 個函式：

3.nextArt() & **4.prevArt()** `new!!`

7.displayArt()

 6.getArtObject()

 8.displayArtImge()

 9.displarArtInfo()

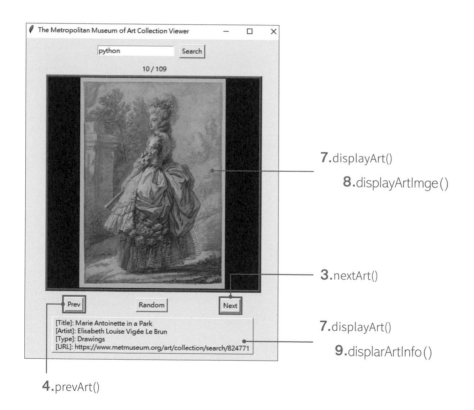

只有 **3.nextArt()** 函式和 **4.prevArt()** 函式還沒介紹過，其餘前面都看過了，底下來解說這兩個函式。

◆ 3.nextArt() 函式

這個函式的作用是按下 Next 鈕時切換到下一件作品：

```
81    def nextArt(self):
82        self.index_num = self.index_num + 1        把 index_num 的
83        if (self.index_num > self.total_num -1):    數值加 1（註：程
84            self.index_num = 0                      式是從 0 起算，但
85                                                    我們希望視窗上是
86        next_art_id = self.art_ids[self.index_num]  從 1 顯示）
87        self.displayArt(next_art_id)
```

程式說明：

● **第 82 行**：將搜尋結果的 index_num 加 1，當使用者按下 Next 時就會顯示加 1 後的值。

● **第 83 ～ 84 行**：如果切換到最後 index_num 大於總件數，就將 index_num 設為 0，此時會切換回第一件作品。第 83 行將 self.total_num 減 1，是因為程式的串列索引編號 (index_num) 是從 0 開始，所以減 1 讓 self.total_num 和最後一件作品的編號相等。

◆ 4.prevArt() 函式

這個函式跟 nextArt() 函式很像，差別在把 index_num 減 1 來取得前一件作品的 ID：

```
89    def prevArt(self):
90        self.index_num = self.index_num - 1        把 index_num
91        if(self.index_num < 0):                     降回前一個數字
92            self.index_num = self.total_num -1      檢查 index_num 的值有沒有變成負數
93
94        prev_art_id = self.art_ids[self.index_num]
95        self.displayArt(prev_art_id)
```

● **第 91 ～ 92 行**：檢查 index_num 是否為負數，如果是負的就會設為搜尋結果中數字最大的 index _num，讓顯示的作品 index 可以循環（註：如果有 100 件作品，就設為串列的最大數值 99。）

「操作 (四)：按下 Random 按鈕」會用到的函式

最後的操作（四）會用到以下 5 個函式：

5.`selectRandom()` `new!!`

7.`displayArt()`

    6.`getArtObject()`

    8.`displayArtImge()`

    9.`displarArtInfo()`

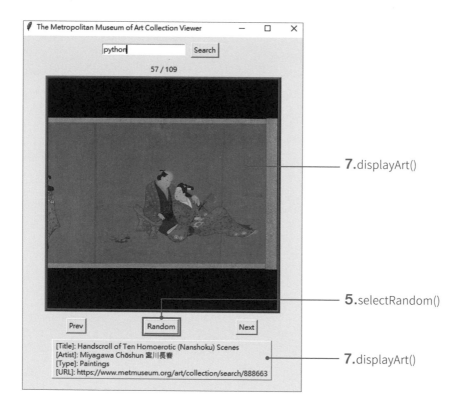

剩下唯一沒看過的就是 **selectRandom()** 函式了，來看一下。

♦ 5.selectRandom() 函式

這個函式會在搜尋範圍內隨機選擇一個數字，並將該 index_num 編號的作品顯示在視窗上：

```
97    def selectRandom(self):                    隨機取值
98        self.index_num = random.randint(0, (self.total_num-1))
99        art_id = self.art_ids[self.index_num]
100       self.displayArt(art_id)
```

程式說明：

● **第 98 行**：使用 random 模組的 randint() 函式，第 3 行匯入的 random 就是用在這。

 小結

這個範例的程式是本書最多的，但一行一行解讀應該可以大致理解吧！您也看到了，這個範例的主程式是在第 138 ～ 142 行，關鍵在於第 141 行用了 MetropolitanApp() 這個類別來產生物件。若對定義類別還不太熟悉請回頭複習附錄 A 的說明喔！最後放上本範例的完整程式碼：

Text   📄 1 . mma_viewer.py py

```
01    from PIL import Image, ImageTk
02    import tkinter as tk
03    import requests, random, io
04
05    class MetropolitanApp:
06        def __init__(self, base):
07                # 設定 WebAPI 網址
08            self.api_object_url = 'https://collectionapi.metmuseum.org/
                  public/collection/v1/objects/'
09            self.api_search_url = 'https://collectionapi.metmuseum.org/
                  public/collection/v1/search?'
10
11        設定變數
12            self.total_num = 0
13            self.index_num = 0
```

```
14        self.canvas_width = 400
15        self.canvas_height = 400
16        self.art_ids = dict()
17        self.art_info = tk.StringVar()
18
19        # 初始畫面所顯示的作品 ID
20        default_art_id = 55648
21
22        # 設定 frame 區塊
23        search_frame = tk.Frame(base)
24        control_frame = tk.Frame(base)
25
26        # 設定顯示搜尋結果的 label 區
27        self.label_text = tk.StringVar()
28        self.label_text.set('Enter keyword and push search button')
29        self.label = tk.Label(base, textvariable=self.label_text)
30
31        # 設定文字輸入框
32        self.entry = tk.Entry(search_frame)
33
34        # 按鈕的設定
35        self.search_button = tk.Button(search_frame, text='Search',
              command=self.searchArt)
36        self.random_button = tk.Button(control_frame, text='Random',
              command=self.selectRandom)
37        self.next_button = tk.Button(control_frame, text='Next',
              command=self.nextArt)
38        self.prev_button = tk.Button(control_frame, text='Prev',
              command=self.prevArt)
39
40        # 設定 canvas 和預設顯示的作品
41        self.canvas = tk.Canvas(base, bg='black', borderwidth=5,
    relief=tk.RIDGE, width=self.canvas_width, height=self.canvas_height)
42        response = self.getArtObject(default_art_id)
43        image_url = response['primaryImageSmall']
44
45        # 顯示預設的作品圖片
46        image_pil = Image.open(io.BytesIO(requests.get(image_url).
              content))
47        image_pil = self.resizeArtImage(image_pil)
48        self.photo_image = ImageTk.PhotoImage(image_pil)
```

```
49    self.canvas_number = self.canvas.create_image(self.canvas_
          width/2 + 5, self.canvas_height/2 + 5, anchor=tk.CENTER,
          image=self.photo_image)

50

51    # 最下面那塊作品資訊區的設定
52    self.artInfoArea = tk.Message(base, relief="raised",
          textvariable=self.art_info, width=self.canvas_width)
53    self.displayArtInfo(response)

54

55    # 將各物件配置在 base 視窗上
56    search_frame.pack()
57    self.entry.grid(column=0, row=0, pady=10)
58    self.search_button.grid(column=1, row=0, padx=10, pady=10)

59

60    self.label.pack()
61    self.canvas.pack()

62

63    control_frame.pack()
64    self.prev_button.grid(column=0, row=0, padx=50, pady=10)
65    self.random_button.grid(column=1, row=0, padx=50, pady=10)
66    self.next_button.grid(column=2, row=0, padx=50, pady=10)

67

68    self.artInfoArea.pack()

69

70  def searchArt(self):
71    search_art_url = self.api_search_url + 'q=' + self.entry.get() +
          '&hasImages=true'
72    response = requests.get(search_art_url)
73    response_dict = response.json()

74

75    self.index_num = 0
76    # 存放搜尋結果
77    self.total_num = response_dict['total']
78    self.art_ids = response_dict['objectIDs']
79    self.displayArt(self.art_ids[0])

80

81  def nextArt(self):
82    self.index_num = self.index_num + 1
83    if (self.index_num > self.total_num -1):
84        self.index_num = 0

85

86    next_art_id = self.art_ids[self.index_num]
87    self.displayArt(next_art_id)
```

```
88
89    def prevArt(self):
90        self.index_num = self.index_num - 1
91        if(self.index_num < 0):
92            self.index_num = self.total_num -1
93
94        prev_art_id = self.art_ids[self.index_num]
95        self.displayArt(prev_art_id)
96
97    def selectRandom(self):
98        self.index_num = random.randint(0, (self.total_num-1))
99        art_id = self.art_ids[self.index_num]
100       self.displayArt(art_id)
101
102   def getArtObject(self, object_id):
103       get_object_url = self.api_object_url + str(object_id)
104       api_response = requests.get(get_object_url)
105       return api_response.json()
106
107   def displayArt(self, object_id):
108       art_object = self.getArtObject(object_id)
109       self.label_text.set(str(self.index_num + 1) + ' / ' + str(self.
              total_num))
110       self.displayArtImage(art_object)
111       self.displayArtInfo(art_object)
112
113   def displayArtImage(self, art_object):
114       image_url = art_object['primaryImageSmall']
115       image_pil = Image.open(io.BytesIO(requests.get(image_url).
              content))
116       image_pil = self.resizeArtImage(image_pil)
117       self.photo_image = ImageTk.PhotoImage(image_pil)
118       self.canvas.itemconfig(self.canvas_number, image=self.photo_
              image)
119
120   def displayArtInfo(self, art_object):
121       art_info_text = '[Title]:' + art_object['title'] + '\n'
122       art_info_text += '[Artist]:' + art_object['artistDisplayName'] + '\n'
123       art_info_text += '[Type]:' + art_object['classification'] + '\n'
124       art_info_text += '[URL]:' + art_object['objectURL']
125
```

```
126        self.art_info.set(art_info_text)
127
128    def resizeArtImage(self, art_image):
129        if (art_image.width > art_image.height):
130            resize_ratio = round(self.canvas_width / art_image.width, 2)
131        else:
132            resize_ratio = round(self.canvas_height / art_image.
                   height, 2)
133        art_image = art_image.resize((int(art_image.width*resize_
                   ratio), int(art_image.height*resize_ratio)))
134        return art_image
135
136
137 # 建立基礎視窗，並產生 MetropolitanApp 物件
138 base = tk.Tk()
139 base.title('The Metropolitan Museum of Art Collection Viewer')
140 base.geometry('500x700')
141 app = MetropolitanApp(base)
142 base.mainloop()
```

 ## 自我挑戰

針對這個範例，作者最後出了一道修改這個應用程式的挑戰作業：

挑戰： 請試著增加圖片下方顯示的文字資訊

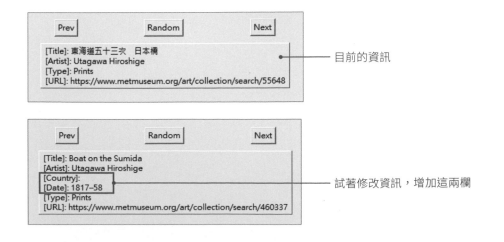

● 提示 1：建立文字資訊的函式是？去那裡做修改。

● 提示 2：到 https://metmuseum.github.io/#object API 網址查使用規則。

這個小挑戰應該不難完成，實務上經常會需要在既有程式上追加或修改功能，就請讀者試試看囉！（答案可參考書附下載檔 **chbb / 2. mma_challenge_answer.py**）

★ 小編補充

想追加 A 功能、B 功能、C 功能…？ ChatGPT 輕鬆幫你搞定！

希望讀者在想到用 ChatGPT 幫忙前，就輕鬆解決前面作者給的這個挑戰了。其實像這樣做程式的微調非常適合請 ChatGPT 幫忙，因為這是以原先的程式來修改，ChatGPT 給出的程式比較不會超出原始架構太多，您也比較可以看得懂。我們就來試試請 ChatGPT 完成這個挑戰作業：

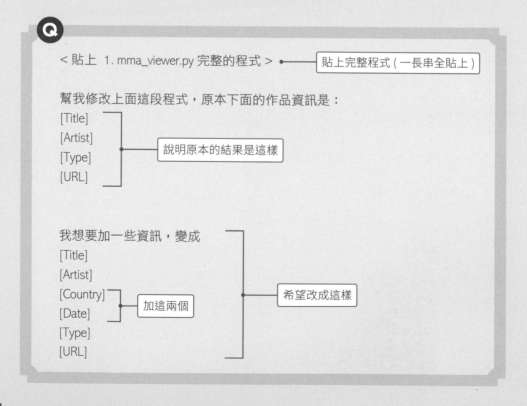

> 你可以透過 API 獲得的作品資訊來增加你所需要的欄位。以下是修改過後的 `displayArtInfo` 方法：
>
> ```python
> def displayArtInfo(self, art_object):
>     art_info_text = '[Title]: ' + art_object['title'] + '\n'
>     art_info_text += '[Artist]: ' + art_object['artistDisplayName'] + '\n'
>     art_info_text += '[Country]: ' + art_object['country'] + '\n' #新增國家
>     art_info_text += '[Date]: ' + art_object['objectDate'] + '\n' #新增日期
>     art_info_text += '[Type]: ' + art_object['classification'] + '\n'
>     art_info_text += '[URL]: ' + art_object['objectURL']
>
>     self.art_info.set(art_info_text)
> ```
>
> 請注意，我新增了 "Country" 和 "Date" 兩個欄位，這些欄位的資訊是從 `art_object` 字典中的 'country' 和 'objectDate' 鍵獲取的。這是因為 Metropolitan Museum of Art 的 API 返回的 JSON 對象包含這些鍵。如果你需要其他欄位，你可以查看 API 的文檔以了解可用的鍵。

ChatGPT 回答：在 displayArtInfo() 函式內多寫這兩行即可

這段 ChatGPT 告知，新增的欄位是從我們所給的程式分析出來的，並不是上 WebAPI 網站查詢來的，所以若是要請 ChatGPT 上網抓資料，還是要注意一下正確性喔！

這個挑戰不難吧！其實就是利用 art_object 變數「以鍵查值」，多列出兩排資訊而已，關鍵在於得先到 WebAPI 的網址查到該用什麼「鍵」來查，針對這點輕鬆用 ChatGPT 來找到解答！ (完整程式可參考書附下載檔 **chbb / 3. mma_challenge_ChatGPT_answer.py**)

◆ 改造程式，增加更多功能

當然，小修小改對 ChatGPT 來說只是「牛刀小試」，若您對這個範例有任何改造的想法，都可以試著請 ChatGPT 補強。例如底下是小編想請 ChatGPT 增加的兩項功能：

Q

< 貼上 1. mma_viewer.py 完整的程式 >　　　如果您是延續之前的對話，
　　　　　　　　　　　　　　　　　　　　　　可以不用再貼上程式

能否改寫程式，需求有兩個
1. 讓底下的作品資訊區的文字可以選取　　　　提出兩個程式
2. 在圖片上按右鍵會顯示「儲存圖片」功能，可以儲存圖片　改造需求

這是功能 2，小編希望
在圖片上按右鍵可以出
現圖片存檔功能

這是功能 1，小編希望
這裡顯示的文字是可以
選取的

　　請注意，像這樣增加功能已經不再是小修小改了，可能需要撰寫全新的函式，甚至匯入從沒用過的套件。如果您也像小編一樣提出這種改造程式的需求，現階段的目標應該是先確認 ChatGPT 生成的程式可以達成您要的效果，至於程式細節再慢慢研究即可：

ChatGPT 萬能程式顧問

這兩個需求都可以實現，以下是改寫的方式：

1. 讓作品資訊區的文字可以選取：

你可以使用 `tkinter.Text` 替換 `tkinter.Message`。`tkinter.Text` 是一個文本控件，可以對文字進行更多的操作，包括選取和複製。以下是程式碼的改寫：

```python
self.artInfoArea = tk.Text(base, relief="raised", width=50, height=10)
```

然後在 `displayArtInfo` 方法中，改變設置文字的方式如下：

```python
def displayArtInfo(self, art_object):
    art_info_text = '[Title]: ' + art_object.get('title', 'N/A') + '\n'
```

通常會提供簡單的說明，不過程式細節不是這裡的
重點，可以之後再研究 (或者慢慢再問 ChatGPT)

功能 2 也難不倒 ChatGPT

2. 在圖片上按右鍵可以儲存圖片：

首先，你需要為 canvas 添加一個右鍵點擊事件。然後，你需要將當前顯示的圖片儲存到本地。以下是如何做到這一點的程式碼：

在 `__init__` 方法中，為 canvas 添加右鍵點擊事件：

```python
self.canvas.bind("<Button-3>", self.saveImage)
```

然後，新增一個 `saveImage` 方法：

```python
def saveImage(self, event):
    save_path = filedialog.asksaveasfilename(defaultextension=".png")  # 問片
    if save_path:  # 如果用戶選擇了一個文件名
        self.photo_image.image.save(save_path)  # 儲存圖片
```

不過，前面 ChatGPT 是針對原始程式各處要做的修改零散地解釋，再請您手動一一到原始程式修改，這有點不方便。為了方便全部複製下來測試，可以請 ChatGPT 提供完整的程式：

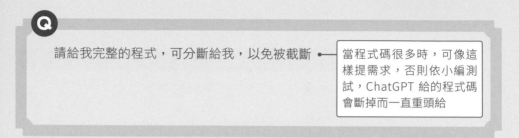

Q

請給我完整的程式，可分斷給我，以免被截斷 ← 當程式碼很多時，可像這樣提需求，否則依小編測試，ChatGPT 給的程式碼會斷掉而一直重頭給

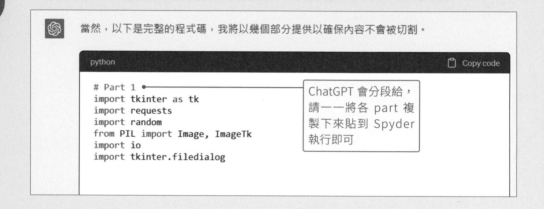

當然，以下是完整的程式碼，我將以幾個部分提供以確保內容不會被切割。

```python
# Part 1
import tkinter as tk
import requests
import random
from PIL import Image, ImageTk
import io
import tkinter.filedialog
```

Copy code

ChatGPT 會分段給，請一一將各 part 複製下來貼到 Spyder 執行即可

本例 ChatGPT 漂亮達成目的！功能 1 所用到的 **tkinter.filedialog()** 類別在 6-1 節介紹過，而功能 2 涉及的滑鼠事件操作，儲存檔案功能…也在 6-2 節碰過，基本上還沒有脫離第 6 章的內容太遠，完整程式在「書附下載檔 **chbb / 4. mma_ChatGPT功能加強版.py**」，就留給讀者做參考囉！

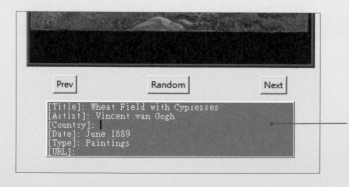

```
Prev          Random          Next

[Title]: Wheat Field with Cypresses
[Artist]: Vincent van Gogh
[Country]:
[Date]: June 1889
[Type]: Paintings
[URL]:
```

執行程式後，這一區的文字變成可選取囉！如此就可按下 ctrl + c 複製下來 (註：如果這一區也想要有右鍵選單可以再請 ChatGPT 加強)

◆ 請 ChatGPT 抓出程式的小 bug

最後補充一點，依小編測試，作者提供的原始範例「書附下載檔 **chbb / 1. mma_viewer.py**」似乎存有小小的 bug，當在 Spyder 執行時，有時候會出現錯誤訊息，因此也一併請 ChatGPT 解答：

 Q

以下程式執行後顯示 TclError: image "pyimage1" doesn't exist ●

< 貼上 1. mma_viewer.py 完整的程式 >

> 這是小編執行時偶爾
> 會遇到的錯誤訊息

ChatGPT 說明了可能原因及解法

 你遇到的錯誤可能是由於 `PhotoImage` 物件被 Python 的垃圾回收機制刪除了。在你的程式中，`PhotoImage` 物件是在 `displayArtImage` 方法中被創建的，並且被賦值給 `self.photo_image`。然而，在該方法結束後，由於 `PhotoImage` 物件沒有被其他任何東西引用，Python 的垃圾回收器可能會將其刪除，導致圖像無法顯示。

解決這個問題的一種方式是將 `PhotoImage` 物件存儲在一個持久的數據結構中，例如一個列表或者字典，以避免其被垃圾回收。以下是一種可能的解決方案：

在你的 `MetropolitanApp` 類的 `__init__` 方法中，創建一個空的列表來存儲圖像：

```python
self.image = []
```

ChatGPT 幫我們修改後的程式可參考「書附下載檔 **chbb / 5. mma_viewer_Debug.py**」，主要是在 __init__() 內加了上圖那一行 **self.images= []** 程式，並在 displayArtImage() 函式內加入底下粉色字這一行：

```
def displayArtImage(self, art_object):
        image_url = art_object['primaryImageSmall']
        image_pil = Image.open(io.BytesIO(requests.get(image_
            url).content))
        image_pil = self.resizeArtImage(image_pil)
        self.photo_image = ImageTk.PhotoImage(image_pil)
        self.images.append(self.photo_image)  # Add this line
        self.canvas.itemconfig(self.canvas_number, image=self.
            photo_image)
```

加了這一行

這個 bug 藏的有點「隱晦」，又涉及到「Python 垃圾回收機制」這個稍微進階的知識，即便是稍有經驗的開發者可能也得研究一番，ChatGPT 又一次幫我們解決問題！不過，建議不要就此算了喔，可以針對順著 ChatGPT 的回答繼續發問 (例：程式解法為什麼這樣寫??)，這些都有助於提升自身的程式功力喔！